여행의 순간

사진작가 문철진 여행 산문집

# 여행의 순간

미디어샘

여행에 열심인 나와

여행에 진심인 너를 위해

Prologue

## 여행을 할 땐 미처 몰랐던.

직장인으로 살면서도 참 많은 일들을 했다. 시간이 많아서가 아니라 시간을 만들어서. 그중 가장 열심히 했던 건 여행이다. 어느 날 문득 내 일이 없을지도 모른다는 공포가 찾아온 후, 그 공포로부터 벗어나기 위해 무던히 애쓰며 여행을 떠났다. 처음에는 살기 위한 몸부림이었는데 나중에는 삶의 이유가 되어버린 여행. 여행을 통해 나는 살아가는 방법을 배웠고 버티는 힘을 키웠다. 무엇보다 나를 알게 됐다. 내가 어떤 사람인지, 무엇을 좋아하고 무엇을 싫어하는지, 앞만 보고 달리느라 애써 외면해왔던 나의 내면을 들여다보게 됐다.

여행만이 존재의 이유인 것처럼 세상을 탐닉하고 다닌 지 벌써 10년이 훌쩍 넘었다. 끝날 것 같지 않던 여정은 그러나 눈에 보이지도 않는 작은 바이러스 때문에 멈추고 말았다. 일상이 흔들렸고 희망이 무너졌다. 물속으로 빠지지 않기 위해 한없이 발버둥을 쳐왔는데 그 발버둥마저 불가능하게 된 현실이 야속하고 답답했다.

이제 나는 무엇을 해야 하나. 가슴 위에 무거운 돌덩이를 얹어놓은 것처럼 묵직한 기운이 한동안 온몸을 지배했다. 길을 잃은 아이처럼 그저 멍하니 서서 주변을 두리번거리는 것밖에 할 수 있는 일이 없었다. 두 팔을 두 다리를 아무리 퍼덕여도 허공에서 빗나갔다. 여행을 할 줄만 알았지 멈출 줄은 몰랐던 탓이다. 앞으로 갈 줄만 알았지 뒤로 가는 법은 몰랐던 탓이다.

뒤로 가보기로 했다. 멈추면 죽는 줄 알고 쉴 새 없이 달리기만 했는데 강제로 멈춤을 당하고서야 뒤로 가는 법을 배우기로 했다. 그동안의 삶을 되짚어보고 그동안의 여행을 되돌아보는 거꾸로 여행이다. 누구도 대신해줄 수 없는 나에게로의 여행이다. 꼭 가야 할 곳도 가지 말아야 할 곳도 없다. 생각이 미치는 그곳이 여행지이고 마음이 머무는 그곳이 목적지다. 서두를 필요도 없고 조급해할 이유도 없다. 차근차근 지난 여행을 곱씹으며, 여행을 할 때는 몰랐던, 놓쳤던, 외면했던 것들을 끄집어내볼 참이다.

지난 여행을 톺아보는 글을 쓰면서 진짜 여행은 여행이 끝난 뒤부터 시작된다는 사실을 새롭게 알게 됐다. 당장의 여행에서는 알 수 없었던, 시간과 공간의 틈바구니에 숨어 있던 소소한 의미와 재미를 찾다보니 내가 기억하는 여행이 얼마나 단편적인 것이었는지 깨닫게 됐다. 여행의 의미를 되새기기도 전에 또 새로운 여행을 떠나는 악순환이 반복

됐다. 어느 순간부턴 관성처럼 여행을 떠난 것 같다. 별다른 이유도 목적도 없이 그냥 떠나야 하니까 떠났다. 의미를 찾을 시간 따위는 없었던 것이다.

말초적인 감각에만 의존해, 좋고 싫음의 이분법으로만 기억했던 여행에 깊이를 더하는 작업이었다. 생각을 정리해 글을 쓰고 수십만 장의 사진을 뒤져 배치하는 작업은 두 번 다시 하고 싶지 않을 만큼 지난한 과정이었지만 덕분에 난 매일 새로운 여행을 떠나는 기분을 느끼게 됐다. 사진을 찍어서 얼마나 다행인지. 사진이 없었더라면 결코 도전하지 못했을 여행이다. 세상에 있지만 세상에 없는 곳으로 떠나는 여행에 여러분을 초대한다.

부산에서 문철진

Contents

**Prologue**

**여행을 할 때는 미처 몰랐던,**

## 마지막 비행은 아니겠지

너무 힘들어서 다시는 여행을 안 갈 것 같았어. 지구 반대편에서 2주를 보내고 다시 한국행 비행기를 탔는데 멀어도 너무 먼 거야. 누구나 꿈꾸는 남미. 그것도 여행자들의 버킷리스트에 절대 빠지지 않는 마추픽추의 나라 페루로 떠날 땐 몰랐어. 그저 두근거리고 설레고 신나서 시간이 금방 가더라고.

그런데 온몸이 천근만근인 여행 마지막 날 비행기에 오르니 덜컥 겁이 나는 거야. 페루에서 미국 애틀랜타까지 7시간. 애틀랜타 공항에 도착해선 4시간을 대기했다가 다시 인천까지 16시간의 비행. 비행기라면 자다가도 벌떡 일어나는 나도 한숨부터 나오는 코스인 거지. 기내식을 무려 다섯 번이나 먹어야 해. 애틀랜타에서 인천까지 오는 항로는 주구장창 낮이야. 잠도 못 자. 다음 날 출근할 생각까지 하니 이건 완전 지옥인 거야.

Cusco, Peru

그런데 말이야. 딱 일주일이 지나니까 또 여행을 가고 싶더라. 그 고생을 또 하겠다고 항공권을 검색하고 있더란 말이지. 또다시 여행을 떠나는 건 그런 고생이 즐겁기 때문이야. 누가 시켜서 하는 게 아니라 내가 좋아서 하는 일이니까 고생이 고생으로 느껴지지 않고 즐거움으로 느껴지는 거야. 간혹 여행도 일처럼 하는 사람이 있더라만 그것 역시도 본인의 의지니까 신나게 하는 거야. 누가 시켜서 하는 일이라면 절대 그렇게 못해. 반나절만 걸어도 죽겠다 소리가 절로 나올걸?

속박이 일상인 현대인에게 여행은 일종의 해방구야. 억눌려 있던 자유의지를 마음껏 분출할 수 있는 시간이라고. 여행이 행복한 건, 해야 할 일은 없고 하고 싶은 일들만 기다리고 있기 때문이야. 하고 싶은 것만 하면 되는 시간. 그마저도 하기 싫으면 하지 않아도 되는 시간. 오직 내 뜻대로만 흘러갈 시간들이 여행 내내 펼쳐지니 어찌 즐겁지 않겠어.

한 번 자유를 맛본 사람은 평생 자유를 갈망하게 돼. 여행의 즐거움을 알아버린 사람은 평생 여행자로 살 수밖에 없어. 차가 막히는 걸 뻔히 알면서도 차를 끌고 고속도로로 갈 수밖에 없는 것이 여행자의 마음이거든. 그 속에서 비로소 자유롭게 숨을 쉴 수 있으니까.

휴가 날짜를 잡고 호텔을 예약하고 여행 코스를 짜고. 그렇게 다시 다음 여행을 준비하며 떠날 날만을 기다리고 있었는데. 무슨 이런 일이 있어? 코로나 바이러스가 전 세계로 번지더니 공항이 폐쇄되고 도시가 멈춰버린 거야. 수많은 사람들이 감염되고 목숨을 잃는 끔찍한 일이 매일 뉴스를 통해 보도되는데 여행은 무슨.

그게 벌써 1년이 되었어. 페루 여행이 마지막 여행이 될 줄 어떻게 알았겠어. 지옥 같던 마지막 비행이 얼마나 그리운지 몰라. 떠날 수 있는 삶이 얼마나 행복했는지, 떠날 수 없는 삶을 사는 지금 온몸으로 느껴. 언제쯤 다시 떠날 수 있을까? 우리는 언제쯤 다시 손잡고 여행할 수 있을까?

## Cusco, Peru

# 여행도 금단현상

여행을 못 가니 공상만 늘어. 어제는 파도가 철썩이는 절벽 위에 알록달록한 집들이 위태롭게 서 있는 이탈리아 친퀘테레에서 달콤한 칸초네를 들으며 낮잠을 잤었는데, 오늘은 오로라가 밤하늘을 집어삼킨 아이슬란드 키르큐펠에서 밤새도록 사진을 찍었어. 매일 밤 상상의 나래를 펼치며 오대양 육대주를 방황하느라 너무 피곤해. 마치 진짜 여행을 하는 것처럼.

어느 날은 당장이라도 여행을 떠날 것처럼 캐리어를 꺼내서 짐을 싸다가 또 어느 날은 여권이 어디 있나 집에 있는 서랍이란 서랍을 다 뒤지곤 해. 옷도 몇 벌 샀어. 항공사 홈페이지를 넘나들며 타지도 않을 비행기 표를 예약하고 취소하고. 또 예약하고 취소하고. 그러면서 놀아. 혼자.

태어나서 한 번도 담배를 피워본 적이 없는데. 금단현상이라는 거.

이런 건가? 막 자꾸만 생각나고, 하고 싶고, 미치겠고. 그러다가 화가 나고. 시도 때도 없이 짜증이 밀려왔다가 사라지길 하루에도 수차례. 뭘 해도 재미가 없고 뭘 먹어도 맛이 없어. 내가 이렇게 여행에 중독되어 있었나 싶을 만큼 일상의 균형이 무너져버렸어.

이제는 면세점에서 산 화장품까지 똑 떨어졌어. 넉넉하게 1년 치를 사두었는데 그걸 정말 다 쓰게 될 줄은 몰랐네. 열심히 여행을 다닐 땐 한 달에도 두세 번씩 비행기를 탔으니 언제든 필요한 것들을 살 수 있었는데 1년이 넘도록 면세점에 못 가게 될 줄 어떻게 알았겠어.

면세점 포인트도 항공권 마일리지도 이젠 숫자일 뿐이야. 10만 원이 넘는 연회비를 내면서 유지하고 있는 신용카드는 무용지물이고. 공항 리무진을 공짜로 탈 수 있고 공항 라운지에서 근사하게 비행기를 기다릴 수도 있는데. 그러자고 비싼 돈을 내는데 쓸 수가 없네.

여행을 떠나지 못하리라고는 단 한 번도 상상 해본 적이 없어. 마음만 먹으면 주말에도 교토로 홍콩으로 마카오로 훌쩍 날아갔다 오곤 했는데. 여행을 못 떠난 지 1년이 훌쩍 넘고 보니 정말 그런 시절이 있었나 싶어. 저비용항공사가 늘어나고 항공권이 저렴해진 덕에 일본이나 중국, 동남아 지역은 국내보다 더 싸게 여행을 떠날 수도 있었던 게 마치 꿈처럼 느껴져.

전 세계 어디라도 당장 떠날 수 있었을 땐 몰랐지. 여행이 이토록 고마운 것인지. 이토록 그리운 것인지. 여행 속에서 우리가 얼마나 자유롭고 행복했는지. 당연하다고 생각했던 것이 당연하지 않을 수도 있다는 걸 모르고 살았던 벌일까? 코로나란 녀석.

**Phuket, Thailand**

Busan, Korea

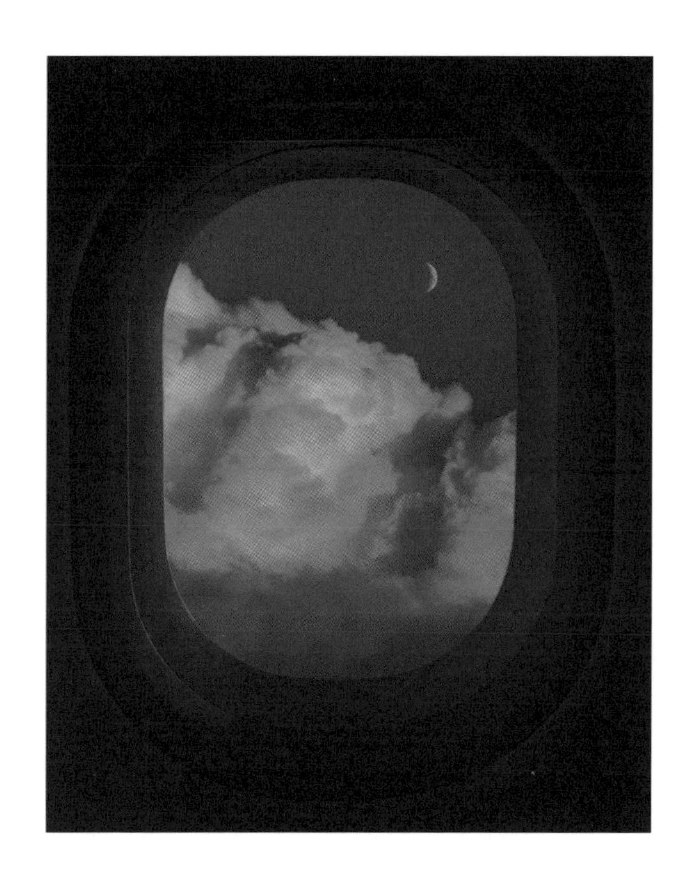

Peru

## 설렘의 정점은 기내식

먹을 땐 막상 세상 맛 없다고 구시렁거릴거면서. 왜 이렇게 먹고 싶은지. 다 불어터진 면에 쿰쿰한 냄새까지 나는 고기 몇 점이 전부인데 이상하게 그 맛이 자꾸만 생각이 나. 왠지 안 먹으면 손해인 것 같아서 꾸역꾸역 먹기는 했지만 절반쯤은 남기기 일쑤였고 식전 빵이나 후식만 먹고 말 때도 많았는데. 왜 자꾸 생각나냐고.

기내식은 음식이라기보다 여행을 시작하는 어떤 의식 같은 게 아니었을까? 기내식을 먹어야 비로소 멀리 여행을 떠난다는 사실이 실감나거든. 여행 그 자체도 너무 좋지만 여행을 준비하는 과정, 정보를 모으고 호텔을 예약하고 항공권을 사고 필요한 것들을 주문하는 시간이 더 행복하지 않아? 벌써 여행을 떠나 신나게 즐기고 있는 상상을 하는 시간 말이야. 가슴이 두근거리고 괜스레 입가에 미소가 번지고.

기내식은 바로 그 설렘의 정점이야. 모든 준비를 마치고 여행의 즐거움 속으로 풍덩 뛰어들기 직전인 거지. 그러니까 무조건 먹어야 해. 맛은 중요하지 않아. 먹는다는 행위 자체가 중요한 거야. 기내식을 먹지 않으면 설렘을 포기하는 거야. 설레지 않는 여행은 상상하기도 싫어. 가기 싫은 출장길이 아니라면 즐겁게 먹자.

## 계획 없는 계획

여행 초보일 때는 분 단위로 여행 계획을 세웠어. 여행 첫날 비행기에서 내려 공항을 빠져나올 때부터 마지막 날 집으로 가기 위해 다시 공항으로 돌아오는 시간까지 10분 단위로 칼 같은 계획을 세워야 마음이 편하더라고. 처음 가는 여행지에서 길을 잃고 헤매거나 그래서 시간을 낭비하는 것이 너무나 싫었거든.

잠시의 일탈도 용납할 수 없어. 정확한 시간에 이동하고 정해진 시간에 밥을 먹어야 해. 반드시 가봐야 할 곳과 먹어야 할 것, 사야 할 것을 떠나기 전부터 꼼꼼하게 준비해서 타임 스케줄을 만들고 최대한 맞춰 여행을 하는 거야. 계획대로 여행을 마쳤을 땐 온몸에서 전율이 흘러. 뭔가 알차게 여행을 한 것 같고 멋지게 여행을 즐긴 것 같고. 내가 여행의 주인공이 된 듯한 그런 쾌감 말이야.

그런데 어느 순간 그런 여행이 너무나 재미가 없더라. 이미 계획 단

계에서 여행을 다 해버린 느낌이랄까? 여행을 떠나기도 전에 벌써 질려서 막상 여행지에 도착했을 땐 아무런 감흥이 없더라고. 이미 다 아는 것들을 실제로 해보는 게 뭐 그리 즐겁겠어?

오히려 예상하지 못했던 상황을 극복했을 때 더 큰 쾌감이 찾아온다는 걸 최근에야 알게 됐어. 엉뚱한 길로 들어서서 길을 헤매도, 생각지도 못했던 식당에서 맛없는 밥을 먹어도 그게 오히려 재미있더라고. 기억에도 오래 남고.

그 후론 계획 따윈 안 세워. 공항에서 숙소까지 가는 방법 정도만 찾아볼 뿐, 나머지는 현지에서 모두 해결해. 아무리 정보의 바다가 넓어도 그런 건 현지에 있는 사람들이 훨씬 더 잘 알거든. 호텔 벨보이에게 물어봐도 되고 택시 기사에게 추천해달라고 해도 돼.

그날 그날 상황에 맞춰서 여행지를 바꾸기도 하고 생각에도 없던 일정을 추가하기도 해. 어떤 날은 아무것도 안 하고 숙소에만 있기도 하고 또 어떤 날은 낯선 골목길을 어슬렁거리며 동네 사람들이랑 수다를 떨기도 하지. 그런 게 진짜 여행이더라고.

Boracay,
Philippines

Jeju, Korea

Oahu. Hawaii

## "심장 빨리 뛰어 죽은 사람은 없어요"

사실 난 코로나 이전에도 여행을 떠날 수 없던 때가 있었어. 지금은 이 세상 모두가 여행을 떠나지 못하지만 그땐 나 혼자만 여행을 떠날 수 없었어. 남들도 못 갈 땐 크게 억울하지 않아. 하지만 나만 못 갈 땐 정말 억울하지. 더 힘든 건 누가 못 가게 막은 것이 아니라는 사실이야. 내가 내 안에 갇혀서 한 발자국도 세상 밖으로 내디딜 수 없었거든.

첫 직장은 몸이 너무 힘들었어. 이러다 제 명에 못 살지 싶어서 회사를 옮겼는데 거긴 또 마음이 힘든 거야. 몸은 힘든데 마음은 힘들지 않은 회사. 몸은 힘들지 않은데 마음이 힘든 회사. 넌 어디를 다닐래? 둘 중 하나만 선택할 수 있어. 그리고 반드시 하나를 선택해야 해. 그럼 넌?

몸은 힘들지 않으니까 마음이 좀 힘든 건 견딜 수 있을 줄 알았어. 근데 그게 아니더라. 마음이 힘드니까 몸도 같이 힘들어지는 거야. 어느 순간부터는 몸이 말을 듣지 않아. 내 몸이 내 몸이 아니게 되더니 결국 탈이 나고 말았어. 갑자기 숨이 안 쉬어지는 거야.

가쁜 숨을 몰아쉬며 겨우 병원으로 갔어. 그러고는 기억이 안 나. 아주 짧은 순간 가족 얼굴이 영화처럼 눈앞에 펼쳐지더니 깜깜해지더라고. 사람이 이렇게도 죽을 수 있구나. 당연히 올 줄 알았던 내일이 오지 않을 수도 있구나. 그걸 이제 알았네. 나만 몰랐나봐. 왜 아무도 얘기를 안 해줬지? 알았으면 하루하루 더 열심히 살았을 텐데. 아직 못 해본 게 너무 많은데. 왜 나야. 왜 하필 나냐고.

증상은 수시로 찾아왔어. 길을 걷다가도 밥을 먹다가도 잠을 자다가도 터져버릴 듯이 뛰는 심장박동에 호흡이 가빠지고 숨쉬기가 어려운 거야. 그럴 때마다 응급실로 가서 온갖 검사를 다 받았는데 원인을 모르겠대. 1년 넘게 그런 생활을 반복했어. 더이상 해볼 검사도 없어지니까 나중에는 의사가 공황장애를 의심하는 거야. 공.황.장.애. 내가? 갑자기 머리를 한 대 세게 맞은 느낌이었어. 그때서야 고개가 끄덕여지더라고. 마음의 병이 생겼구나.

혹시나 또 심장이 뛸까봐 버스도 기차도 못 탔어. 엘리베이터가 갑자기 멈춰서 갇히면 어떡하나. 혼자 자다가 숨이 막히면 누가 도와주지? 온갖 두려움에 사로잡혀서 일상생활도 제대로 할 수가 없는 상태였어. 돌이켜 생각해보니 몸이 내게 경고를 보냈던 거야. 쉬라고. 내려놓으라고.

Krabi, Thailand

그러고 보니 참 정신없이 살아왔더라. 학교 다닐 땐 취업 준비로, 취업을 하곤 일에 적응하느라 몸도 마음도 돌볼 시간이 없었어. 그저 앞만 보고 열심히 달리면 모든 것이 해결될 줄 알았는데. 그게 아니었어. 사회생활은 성과보다 눈치잖아. 일은 못해도 눈치껏 분위기 파악 잘하는 사람이 인정받는 거더라고. 적당히 낯간지러운 소리도 하고 줄타기도 하면서 있는 듯 없는 듯 그림자처럼.

무작정 방콕행 비행기표를 끊었어. 내일이 없을지도 모른다는 불안을 안고 평생 사느니 여행을 하다 쓰러지는 게 낫겠다 싶었거든. 지금 생각해보면 참 무모했지. 정말 비행기 안에서 쓰러지면 어쩌려고. 버스도 못 타는데 비행기를 어떻게 타겠다고. 국내선도 아니고 국제선을. 그것도 무려 5시간이나.

아니나 다를까 그 5시간은 지금껏 한 번도 경험해보지 못한 불안과 두려움으로 가득했어. 비행기가 이륙하면 더이상 의료진의 도움을 받을 수 없다는 불안. 바다 위를 날아가는 중이라 어디에도 착륙할 곳이 없을 거란 두려움. 심장이 또 미칠 듯이 뛰고 숨이 막히는데 당장 비행기에서 내릴 수 없을 거라고 생각하니 이번엔 공포가 밀려왔어. 얼굴이 새하얗게 질려서 소리라도 꽥 지르고 싶었다고.

사실 비행기를 타기 전부터 난 이미 걱정의 인질이 되어 있었어. 분명 심장이 뛸 거라고 지레 겁을 먹은 거지. 집을 나설 때부터 뛰기 시작하던 심장은 비행기에 올라 자리에 앉자마자 요동치더라고. 비행기가 아직 출발하지도 않았는데 숨이 막혀오는 거야. 사방이 나를 옥죄는 느낌이 들더니 이내 식은땀이 흐르고 손발이 저려오고 급기야 눈앞이 다시 캄캄해졌어. 그렇게 또 블랙아웃이 되는 줄 알았어.

불안은 불안을 먹고 자라는 거야. 두려움은 두려움을 더 증폭시켜. 휘둘리면 안 돼. 불안과 두려움은 내 머릿속의 일이야. 누구도 도와줄 수 없어. 멈출 수 있는 사람은 나뿐이라고. 끝날 것 같지 않던 불안과 두려움을 내 손으로 끊어야 해, 제발.

"심장이 빨리 뛰어서 죽은 사람은 없어요."

의사 선생님의 이 말을 머리로는 이해하면서도 몸으로는 받아들이지 못했어. 아무 일 없이 지내다가도 심장이 빨리 뛸 것 같다는 불안감이 생기면 어김없이 심장박동이 빨라지고 숨이 막혀왔거든. 그땐 이미 패닉 상태야. 깊이를 알 수 없는 시커먼 바닷속으로 속절없이 빠져드는 것만 같았어. 아무리 두 팔을, 두 발을 허우적대도 아래로 가라앉아. 공포가 나를 지배하는 순간 내가 할 수 있는 건 아무것도 없어.

방콕으로 가는 내내 비행기에서 뛰어내리고 싶은 마음뿐이었어. 응급실에 갈 수 없다는 사실이 극한의 공포로 돌변해 나를 마구 찔러대는데 도무지 견딜 수가 없는 거야. 괜한 오기를 부려서 결국 이 지경을 만들었다는 자책에 나중에는 눈물이 후두둑 떨어지지 뭐야. 당장이라도 비행기를 돌려 비상착륙을 해달라고 애원이라도 하고 싶었지만 버텼어. 살려달란 말이 목구멍 끝까지 차올랐는데 두 눈 질끈 감고 참았어.

Bangkok, Thailand

Bangkok, Thailand

그냥 여기에서 심장이 터져 죽겠다고.

얼마나 무서웠는지 몰라. 정말 죽을 것 같았거든. 그런데 죽지 않았어. 의사 선생님 말대로 심장이 아무리 뛰어도 난 죽지 않더라고. 이 당연한 명제를 머리로 이해하기까지 꼬박 1년 6개월이 걸렸어. 아무리 노력해도 이해되지 않던 것이 죽음 속으로 몸을 내던지고 나니까 이해되는 거야. 허무하게도.

그렇게 목숨 걸고 다녀온 방콕여행인데 기억이 잘 안 나. 무엇을 보고 무엇을 먹고 무엇을 했는지. 하나도. 머릿속에 남아 있는 건 방콕에서도 심장이 빨리 뛰었다는 것뿐이야. 시도 때도 없이 찾아든 증상을 가라앉히느라 호텔 밖을 나가기도 힘들었으니까.

그래도 무사히 집으로 돌아왔어. 아무 일 없이. 그 덕분이었을까? 그 후론 버스를 타는 일이 조금은 편안해졌어. 기차를 타고 한 시간 정도는 이동할 수 있게 됐고 국내선 비행기도 곧잘 타게 됐어. 그렇게 몇 달을 지내고 보니 다시 여행을 할 수도 있겠다는 희망이 보이는 거야.

그게 시작이었던 것 같아. 본격적으로 여행을 떠난 것이. 오늘이 인생의 마지막 날일 수도 있다는 걸 알아버린 이상 무엇 하나도 내일로 미룰 수가 없더라고. 지금 당장하지 않으면 영원히 할 수 없으니까. 바쁘다는 핑계로 귀찮다는 이유로 저 멀리 미뤄둔 것들을 어서 빨리 하고 싶어 미치겠는 거야.

장롱 속에 처박아둔 카메라를 다시 꺼내 들고 가까운 곳부터 여행을 다니기 시작했어. 비행기를 타는 일에 큰 불편이 없어졌을 땐 일본과 중국으로 해외여행도 시작했고. 도무지 자신이 없었던 호주 여행까지 다녀온 후에는 유럽으로 남미로 거침없이 떠났어. 잊을 만하면 찾아오는 증상 때문에 괴롭고 힘들고 때로는 쓰러지기도 했지만 이젠 알잖아. 죽지 않는다는 걸.

San Francisco, USA

## Bern, Switzerland

# 교토, 벚꽃 필 무렵

매년 봄, 벚꽃이 필 무렵엔 늘 교토에 있었어. 카모강을 따라 줄지어 선 커다란 벚나무들이 연분홍 벚꽃잎을 흩날릴 때면 행복했거든. 어렴풋이 봄향기가 밴 그 무렵 교토의 공기는 어쩜 그렇게 달콤하던지. 숨만 쉬고 있어도 입가에 미소가 번져.

교토의 가을도 놓칠 수 없어. 가을이 너무나 짧은 한국에 비해 교토의 가을은 12월 초까지 이어져. 이미 지나가버린 가을을 교토에선 조금 더 붙잡을 수 있거든. 교토 도심 곳곳에서 만나는 농익은 단풍은 어찌나 화려하고 아름다운지. 매년 가을마다 교토로 달려갈 수밖에 없어.

교토는 내가 가장 사랑하는 도시야. 일 년에 서너 번은 다녀왔으니 이제는 내가 사는 동네 만큼이나 모든 것이 익숙해. 새 울음소리를 내며 깜빡이는 건널목 신호등도, 오래된 도시에 잘 어울리는 고풍스러운 택시도. 좁은 골목길이 미로처럼 얽힌 기온 거리와 아라시야마로 향하는 한 칸짜리 노면 전차의 노선도까지. 오랜 세월 교토에서 살았던 것마냥 눈앞에 생생하게 떠올라.

교토를 사랑하게 된 이유는 딱 하나야. 언제나 그 모습 그대로 남아있을 것 같아서. 10년이 지나도 20년이 지나도 내가 기억하는 모습으로 나를 반겨줄 것 같아서. 그래서 지도를 보지 않고도, SNS를 뒤지지 않고도 교토를 여행할 수 있을 것 같아서. 10년 만에 찾아간 동네 식당에서 주인과 반갑게 인사를 나누는 일. 너무 근사하지 않아?

모든 것이 변하는 세상. 그래도 변하지 않는 것이 하나쯤은 있었으면 해. 그런 도시가 교토였으면 좋겠고. 다행히 교토는 아직도 크게 변하지 않았어. 아마 앞으로도 크게 변하지는 않을 거야. 전통을 중요하게 여기고 지키려는 사람들이 사는 곳이니까. 누구라도 교토를 사랑할 수밖에 없는 이유야.

和田

Kyoto, Japan

## Kyoto 교토

무려 1,100년이나 일본의 수도 역할을 했던 도시. 그 역사를 증명하듯 도심 전체가 박물관이라 해도 과언이 아닐 만큼 많은 유적들을 품고 있다. 수백 년 된 전통가옥들이 여전히 잘 보존되어 있고 옛 정취를 느끼게 하는 풍경들도 곳곳에 많다. 특히 벚꽃이 피는 봄과 단풍이 물드는 가을에는 외국인뿐만 아니라 일본인들도 전국에서 몰려드는 일본 최대의 관광도시다.

# 홍콩의 마천루와 골목길 사이

어린 시절 홍콩영화의 추억을 간직한 사람이라면 알 거야. 대한민국의 대중문화가 가장 다양하게 꽃을 피우던 1990년대. 아이러니하게도 우린 홍콩영화에 빠져 있었어. 성룡과 주윤발, 장국영과 주성치. 그땐 그들이 세상의 중심이었거든. 그들의 몸짓, 그들의 표정, 그들의 말 한마디에 우린 열광했고 우리도 모르게 홍콩을 동경하게 됐어.

그래서였을까? 성인이 되고 스스로 돈을 벌게 됐을 때, 누가 먼저랄 것도 없이 우린 홍콩으로 첫 해외여행을 떠났어. 성룡이 나쁜 놈들을 때려잡던 항구, 주윤발이 성냥개비를 물고 내려오던 계단, 장국영이 거닐던 센트럴의 거리를 찾아서 홍콩행 비행기에 몸을 실었다고.

그때만 해도 한국은 고층건물이 흔하지 않던 때라 마천루가 즐비하던 영화 속 홍콩은 정말 세련되고 멋있어 보였어. 도심을 누비는 빨간 택시는 또 얼마나 근사하던지. 홍콩 여행을 가면 꼭 빨간 택시를 타고

Central, Hong Kong

Samsuipo, Hong Kong

Sheung Wan, Hong Kong

도심 곳곳을 달려보리라 다짐 아닌 다짐을 했었지.

트램은 또 어떻고. 화려한 광고판을 입고 도심 속을 유유히 움직이는 모습이 그렇게 이국적일 수가 없어. 트램이 마천루 사이를 이리저리 오가는 모습이 어린 마음에도 신기했던지 홍콩 하면 지금도 트램이 가장 먼저 떠올라.

백만 불짜리 야경이란 말이 있을 만큼 홍콩은 고층빌딩들이 쏟아내는 화려한 야경으로 유명한 곳이지만 그게 전부는 아니야. 고층 빌딩에 가려 보이지 않는 낡은 골목과 오래된 건물들 속에 진짜 홍콩이 숨어 있거든. 홍콩에 처음 갔을 땐 화려한 야경만 눈에 들어왔지만 두 번, 세 번, 다섯 번, 열 번째 홍콩을 찾았을 땐 뒷골목의 이야기에 더 마음이 끌리더라. 과거와 현재, 미래가 공존하는 도시. 작은 도시 안에서 이토록 다양한 풍경을 만날 수 있다는 건 여행자에게 축복이야.

카메라를 메고 홍콩의 숨은 골목길들을 구석구석 누볐던 지난 10년. 원 없이 홍콩을 여행했다고 생각했지만 여전히 목말라. 최근 몇 년 동안 벌어졌던 홍콩 사태를 보며 홍콩에 대한 갈증은 더욱 커졌어. 코로나 상황이 끝나고 여행을 떠날 수 있게 되면 나는 제일 먼저 홍콩으로 달려갈 거야. 그리곤 신나게 사진을 찍을래. 세기말 감성을 담아. 찰칵.

## Hong Kong 홍콩

이층버스와 트램, 애프터눈 티. 100년 동안 영국의 지배를 받은 터라 홍콩에는 지금도 영국의 자취가 많이 남아 있다. 동양과 서양, 과거와 미래가 뒤섞인, 역사와 문화의 용광로답게 천 가지 표정을 가진 매력 넘치는 여행지다. 홍콩섬의 화려한 야경만 기억한다면 홍콩의 진면목을 제대로 모르는 거다. 마천루 뒤편, 거미줄처럼 얽혀 있는 골목길로 들어가 홍콩의 진짜 매력을 만나보자.

## 여행, 한 사람의 취향

그 사람이 어떤 사람인지 제대로 알고 싶으면 함께 여행을 떠나봐. 여행을 함께 한다는 건 일상을 함께 한다는 뜻이야. 함께 밥 먹고 놀고 자는 일상 말이야. 남에게 보여주는 모습이 아니라 꾸미지 않은 모습을 관찰할 수 있는 가장 좋은 기회라고.

아무리 친한 친구라도 여행을 함께 해보면 깜짝 놀라게 돼. 그동안 몰랐던 새로운 모습을 보게 되거든. 친구로만 지낼 때는 전혀 알 수 없는 소소한 것들 말이야. 치약을 뒤에서부터 짜는지 아니면 중간을 푹 눌러 쓰는지. 사용한 수건을 둘둘 말아 화장대 위에 얹어두는지 잘 펴서 욕실에 걸어두는지.

더 중요한 건 취향이야. 여행은 한 사람의 취향이 집약된 행위거든. 취향이 서로 맞지 않으면 여행이 괴로워져. 여행을 왔으니 조금 무리를 해서라도 비싼 음식을 먹고 싶은 나와 그 돈을 아껴서 여행지 한 곳을

Taipa, Macau

더 둘러보자는 너 사이에는 서울과 파리보다도 더 큰 간극이 있어. 절대 좁힐 수 없는. 그걸 좁히자고 덤벼들면 결국 싸우고 말아.

친구라면 서로 어느 정도 양보를 할 수 있겠지. 다음엔 같이 여행을 안 가면 되니까. 하지만 연인 사이라면 그럴 수 없어. 한 사람이 완벽하게 양보하지 않는 이상 절충하기가 쉽지 않아. 누군가의 취향을 바꾸는 것보다 비슷한 취향을 가진 사람을 찾는 것이 훨씬 빨라. 괜한 시간 낭비하지 말라는 뜻이야.

거꾸로 취향이 같은 여행 친구가 있다면 그 관계는 평생 이어질 가능성이 높아. 서로가 서로를 잘 알기 때문에 무리하지 않고 싸울 일도 없어. 너는 어때? 네게도 그런 여행 친구가 있어?

## Ica, Peru

# 스위스 퐁뒤의 꿈

누구나 일생에 한 번은 꿈꾸는 유럽 여행. 수많은 유럽 국가들 중에서 가장 먼저 가보고 싶은 곳은 두말할 것 없이 스위스였어. 만년설로 뒤덮인 알프스 풍경을 동경해온 이유도 크지만 무엇보다 어릴 적 만화책에서 본 스위스의 대표 음식 퐁뒤가 너무나도 궁금했거든. 퐁뒤는 한 입 크기로 썬 빵이며 과일 등을 긴 꼬챙이에 끼워서 따뜻하게 녹인 치즈에 찍어 먹는 음식인데 어린 마음에도 뭔가 근사해보이더라고. 눈 덮인 알프스 마을의 통나무집에서 만년설을 보며 먹는 뜨끈한 퐁뒤는 '스위스' 그 자체였던 거야.

퐁뒤를 알게 된 뒤로 '스위스' '스위스' 노래를 불렀지만 안타깝게도 유럽 여행은 나와 먼 얘기였어. 대학 시절, 친구들이 방학을 이용해 너도나도 유럽으로 배낭여행을 떠날 때도 감히 떠날 생각을 못했어. 돈이 없다는 게 큰 이유였지만 사실 혼자서 한 달씩이나 집을 떠나 외국을 여행할 용기도 없었거든. 스위스 여행의 꿈은 그로부터도 한참의 시간이 지난 후에야 이루어졌어. 스스로 떠난 것도 아닌, 회사 출장으로.

일 때문에 간 스위스였지만 내겐 반드시 달성해야 할 목표가 있잖아. 퐁뒤를 먹어보는 것! 하지만 내 마음대로 일정을 조율할 수 없는 상황인데다 빡빡한 업무 스케줄을 소화하기도 벅찼던 터라 사실 큰 기대는 하지 않았어. 비록 출장이지만 내가 지금 스위스에 있다는 사실만으로도 가슴이 벅차올라 퐁뒤쯤은 안 먹어도 괜찮을 것 같더라고. 그런데 인생이 참 그래. 간절히 바라던 걸 포기하면 갑자기 내 앞에 나타나거든.

스위스 여러 지역을 돌며 바쁘게 일을 하다가 안데르마트라는 작은 마을에서 점심을 먹게 됐어. 유럽 특유의 예쁜 건물과 골목길이 있는 작은 마을이었는데 별 생각 없이 들어간 식당이 하필 퐁뒤 전문점이지 뭐야. 동네 사람들로 보이는 어르신 몇몇이 퐁뒤를 먹고 있는데 그동안 억눌려 있던 퐁뒤를 향한 욕망이 거침없이 폭발하는 거야. 어찌나 심장이 두근거리던지. 길에서 첫사랑을 만나도 이렇게 심장이 뛰지는 않았을 거야.

따뜻하게 끓여 걸쭉해진 치즈에 잘게 자른 빵을 푹 찍어서 입속으로 쏙 넣었어. 고소하고 짭짤하면서도 약간은 시큼한 치즈맛이 입안 가득 퍼지더니 온몸이 금세 따듯해졌어. 8월이었는데도 눈발이 날릴 정도로 쌀쌀했던 날씨가 퐁뒤를 더 맛있게 느껴지게 했는지도 몰라. 그러고 보

SONNE

니 벽이며 천장이며 창문까지. 식당 내부가 모두 나무로 만들어졌어. 창밖으론 만년설이 뒤덮인 알프스가 아스라이 보이고. 따뜻한 분위기의 조명까지 더해져서 내가 상상했던 바로 그 퐁뒤가 완성된 거야.

오래도록 꿈꿔온 일을 이룬다는 것이 얼마나 행복한 일인지 그때 처음 알게 됐어. 그렇게 대단한 꿈은 아니었지만 오랜 시간 간직하고 키워온 꿈이 현실이 될 때, 우리는 더 큰 꿈을 꾸고 더 큰 세상으로 나아가게 돼. 작지만 소중한 꿈들을 많이 만들었으면 해. 그런 꿈들이 모여 미래의 나를 만들 테니까.

**Andermatt 안데르마트**

스위스 중부 우리주에 있는 산악도시다. 해발 고도가 1,447m나 되는 곳이라 여름에도 서늘한 기운을 느낄 수 있다. 유명한 관광지는 아니지만 고풍스러운 건물들과 아기자기한 골목길을 만날 수 있는 평화로운 소도시다.

Switzerland

## 호놀룰루의 공기는 달다

밤새 태평양을 날아 이른 아침에 도착한 하와이 호놀룰루 공항은 맑고 투명한 햇살이 쏟아지고 있었어. 깊이를 알 수 없는 푸른 바다와 높이를 가늠할 수 없는 푸른 하늘 사이에 그어진 한 줄 수평선이 손에 잡힐 듯 선명하게 보이더라. 갑자기 시력이 좋아졌나 착각이 들 만큼 멀리, 아주 멀리까지 생생하게 보이는 것이 너무나 신기했어.

비행기에서 내려 크게 숨을 들이쉬어 보니 그 이유를 알겠더라. 공기가 달아. 달아도 너무 달아. 비염으로 찡찡대던 코가 뻥 뚫리더니 짭짤한 바다 향이, 향긋한 풀 냄새가 콧속에서 아주 난리야 난리. 공기가 이렇게 깨끗하니 세상이 맑아 보일 수밖에. 미세먼지에 찌들어 있던 눈과 코가 제대로 임자를 만난 거야. 늘 충혈되어 간지럽던 눈은 박하사탕을 먹은 것처럼 시원하고, 늘 막혀서 답답했던 코는 구멍을 하나 더 뚫은 것처럼 상쾌해.

한낮에는 햇살이 조금 따갑게 느껴지지만 덥지는 않아. 이마에 송글송글 땀방울이 맺힐 때쯤 적당히 습기를 머금은 바람이 슥 하고 불어와서는 땀을 식혀줘. 그늘에 앉아 있으면 그야말로 천국이야. 기분 좋은 서늘함에 스르륵 잠이 든다니까. 이렇게 좋은 날씨를 일 년 내내 즐길 수 있는 하와이 사람들은 얼마나 좋을까. 그저 숨만 쉬고 있어도 행복이 몰려오는 지상낙원에 사는 사람들은.

청정 자연이란 말을 온몸으로 체감할 수 있는 하와이는 공기만 단 게 아니야. 적당한 가격대에 먹을 만한 음식이라곤 햄버거밖에 없는 미국 본토와 달리 하와이에선 전 세계 여러 나라의 음식들이 융합돼 우리의 미각을 자극해. 특히 하와이에서만 맛볼 수 있는 싱싱한 참치요리는 절대 놓치면 안 돼. 태평양에서 갓 잡아 올린 생참치는 냉동참치에 길들여져 있던 우리 입맛을 새로운 세상으로 안내하지. 참치회까지는 아니더라도 비교적 저렴한 포케는 꼭 먹어봐. 생참치를 깍둑썰기로 잘라서 양념에 버무려주는 하와이 전통음식인데. 정말 말이 필요 없어.

쇼핑 좋아해? 하와이로 가면 아마도 캐리어를 하나 더 사야 할지도 몰라. 아울렛에 가면 정말 가격을 보고 깜짝 놀랄 거야. 우리나라에도 수입돼 판매되는 유명 브랜드 제품들이 한국 가격의 3분의 1 수준이야. 옷이나 신발은 잘 고르면 5분의 1 가격에도 살 수 있어. 달달한 쇼핑 맛에 빠지면 아울렛만 돌다가 귀국하게 될지도 몰라. 말도 안 되는 가격을 보고 나면 관광 따위는 생각조차 안 나거든.

NO PARKING
NO PARKING ANY TIME
SPEED LIMIT 35
UNLAWFUL TO LITTER

Oahu, Hawaii

Oahu, Hawaii

모든 게 달콤하기만 했던 하와이. 누구는 한물간 여행지라 말하기도 하지만. 아니야. 여전히 매력적이고 여전히 가고 싶은 여행지야. 하와이를 배경으로 한 영화만 봐도 기분이 좋아지잖아. 나른한 훌라송이 울려퍼지는 와이키키를 걸으며 하와이 로컬 맥주 롱보드를 마시고 싶어. 하와이로 훌쩍 떠나고 싶은 밤이야.

**Oahu 오아후**

하와이제도의 여러 섬들 중 세 번째로 큰 섬이다. 하와이 인구의 75% 정도가 오아후 섬에 살고 있다. 오아후의 대표적인 도시인 호놀룰루는 하와이주의 주도다. 세계적인 해변 와이키키를 비롯해 진주만과 다이아몬드 헤드 등 천혜의 자연과 관광자원을 갖추고 있다.

## 나를 아는 사람 없는 이곳

해외여행을 갈 때마다 입국 서류 직업란에 다른 직업을 써. '사진가'라고 쓰면 그 나라에선 사진가가 되는 거고 '비즈니스맨'이라고 쓰면 비즈니스맨이 되는 거야. 내가 누구인지 아는 사람이 아무도 없는 낯선 공간에 던져지는 것이 여행이잖아. 나는 그 순간 리셋 버튼을 누르는 기분이 들어. 아무것도 정의되지 않은 백지 상태로 돌아가는 기분. 원했든 원치 않았든 내게 덧씌워진 여러 이름들을 모두 벗고 내 마음대로 나를 새롭게 정의할 수 있는 이 순간이 그래서 나는 너무 설레.

모든 직업에는 사회 구성원들이 공통으로 갖는 이미지가 있잖아. 이런 직업을 가진 사람은 이렇다는. 혹은 이렇게 행동해야 한다는 암묵적인 이미지. 누구나 직업이란 옷을 입으면 공통적으로 풍기는 이미지가 생기는 이유도 그래서야. 예를 들어 교사라는 직업을 갖고 있는 사람에 대해 우리는 특정한 '인상'을 가지고 있잖아. 거꾸로 이런 행동은 교사답지 않다는 일종의 '편견'도 있지. 한국은 특히 직업에 대한 이미지가 강하기 때문에 그 속에서 개성을 발휘하기란 상당히 어려워. 직업이 곧 나를 표현하는 사회에선 내가 싫어도 그런 모습으로 살아갈 수밖에 없어.

여행을 통해 해방감을 느끼는 이유가 바로 여기에 있다고 생각해. 사회가 특정 직업에 대해 기대하는 모습에서 벗어나 마음껏 개성을 분출하고 자유를 누릴 수 있는 순간이 여행이거든. 나를 아는 사람이 아무도 없는 해외라면 아예 직업을 바꿔버림으로써 완벽한 탈출을 감행하는 거야. 내가 어떤 모습으로 여행을 하든 나에 대한 아무런 편견이 없는 외국인들은 있는 그대로 나를 봐줄 테니까.

더욱 완벽한 탈출을 꿈꾼다면 아예 혼자 여행을 떠나는 것이 좋아. 여행을 함께 하는 사람은 나에 대해 잘 알고 있을 확률이 높고 그렇다면 한국에서의 정체성을 벗어버리고 여행을 하기 힘들어. 나를 리셋하는 기분을 확실하게 느끼려면 일행조차 없는 나홀로 여행을 떠나봐. 말할 상대가 없으니 조금은 심심할 수 있어. 하지만 그래서 더 여행에 집중할 수 있게 돼. 내 감정과 생각을 더 솔직하게 이해하고 받아들이는 경험을 통해 비로소 나를 제대로 바라보게 되니까.

Busan, Korea

## 다낭 해변에서 듣던 그 음악

키 큰 야자나무들 사이로 푸른 바다가 보여. 천장에 매달린 커다란 부채는 좌우로 부지런히 움직이며 살랑살랑 바람을 일으키고 있지. 얼음이 가득 든 유리잔에는 연유를 듬뿍 넣은 베트남식 커피 '카페 쓰아 다'가 담겨 있어. 널찍한 쇼파에 살짝 등을 기대고 두 다리를 쭉 펴면 준비는 끝났어. 이 시간과 공간을 즐길 준비가.

아직은 베트남 다낭이 한국 사람들에게 낯설었던 때 다녀왔던 인터컨티넨탈 다낭 선 페닌슐라 리조트. 그 속에 있던 '롱 바'는 지금도 잊혀지지 않는 멋진 카페였어. 이름처럼 옆으로 길쭉하게 생겼었는데 큰 창문을 통해 야자수가 빼곡한 해변을 시원스럽게 바라볼 수 있어. 특이한 건 테이블이 없고 평상처럼 생긴 넓은 쇼파를 놓아둔 거야. 손님들은 그 위에 올라가 두 발을 뻗고 세상에서 가장 편안한 자세로 휴가를 즐길 수 있는 거지.

Da Nang, Vietnam

감각적인 인테리어도 좋았지만 무엇보다 기억에 남는 건 음악이었어. 유로 일렉트로 풍의 음악이 줄곧 흘러나왔는데 카페 분위기와 너무 잘 어울리는 거야. 플레이리스트뿐만 아니라 스피커의 품질이나 위치, 볼륨까지 정말 완벽했어. 이렇게 음악이 완벽한 곳은 다른 부분도 만족할 확률이 매우 높아. 실제로 그곳에서 마셨던 카페 쓰아다 한 잔은 지금도 잊을 수 없는 훌륭한 맛이었어. 하나를 보면 열을 안다고 했잖아. 모든 감각은 연결되어 있는 거라고.

음악이라는 것이 사실 분위기를 지배하잖아. 특히 공간이 그래. 어떤 음악을 틀어놓는가에 따라 같은 공간이라도 전혀 다른 느낌이 되거든. 그래서 선곡 센스가 좋았던 곳은 오래도록 기억에 남아. 나중에는 음악만 들어도 그때 기억이 생생하게 떠오르잖아. 그날의 공기와 그날의 냄새와 그날의 온도가. 함께 했던 너의 숨소리와 사랑한다고 속삭이던 너의 목소리까지도.

**Da Nang 다낭**

베트남 중부에 위치한 항구도시이자 베트남의 대표적인 휴양지. 다낭에서 호이안까지 10km 이상 이어지는 해변은 《포브스》지가 선정한 세계 6대 해변으로 유명하다. 세계적인 리조트 체인들이 속속 들어서면서 세계적인 관광도시로 발돋움하고 있다.

# 비행기의 시간은 다르게 흐른다

시간이 어쩜 그렇게 빨리 갈까? 3시간이 30분처럼 느껴졌어. 밥을 먹은 게 전부인데 벌써 인천이라니. 똑같은 비행기를 타고 있어도 좌석에 따라 시간이 다르게 흐른다는 걸 그때 처음 알게 됐어.

홍콩 첵랍콕 공항에서 인천행 비행기를 타기 위해 기다리고 있었는데 안내 방송으로 내 이름이 나오는 거야. 탑승구로 빨리 오라기에 달려갔더니 웬걸? 비즈니스석으로 업그레이드를 해주겠대. 동네 경품 행사에서도 사탕 하나 안 걸리는 나인데 살다 보니 이런 일도 있더라고.

다리를 꼬고 앉아도 될 만큼 넓은 비즈니스석에 앉으니 지난 3일 동안 쌓인 여행의 피로 따위는 잠시도 느낄 새가 없었어. 새벽 2시. 비행기를 타자마자 곯아떨어졌을 시간인데 눈이 말똥말똥했어. 한국에 도착하자마자 곧장 출근하려면 그 시간에는 기내식도 거절하고 무조건 잠을 자두어야 하는데. 3코스 밀을 후식까지 알차게 즐겼지 뭐야. 어차

Hong Kong International Airport

피 똑같은 비행기를 타고 똑같은 목적지에 도착하는데 굳이 2~3배나 비싼 돈을 주고 비즈니스석에 앉는 이유를 도무지 이해하지 못했는데 막상 경험해보니 그게 아니었어. 내가 아는 세상이 전부가 아니더란 말이야.

그러고 보면 비행기만큼 돈으로 사람을 차별하는 것도 없어. 체크인부터 다르잖아. 돈을 많이 낸 승객들은 전용 카운터에서 재빨리 탑승 수속을 해줘. 그러곤 편안한 소파와 음료가 기다리고 있는 라운지에서 우아하게 탑승 시간까지 기다리게 해주고. 비행기를 탈 때도 비행기에서 내릴 때도 돈을 많이 낸 사람이 우선이야. 기내식 메뉴가 다른 것은 말할 것도 없고. 승무원들의 서비스도 차원이 달라.

태국 타이항공은 비즈니스 승객들만 별도로 입국 심사까지 해줘. 이코노미 승객들이 긴 줄을 서며 입국심사를 기다리는 동안 비즈니스 승객들은 별도의 공간에서 세관 검사와 입국 수속을 눈 깜짝할 새에 끝낸다고. 완전 돈으로 사람 차별하는데 뭐라 할 수도 없어. 부러우면 지는 건데 부러워하면 안 되는데. 부럽네.

## 아무것도 하지 않을 자유, 방콕

방콕은 교토만큼이나 내가 사랑하는 도시야. '끄룽텝(천사들의 도시)'이라는 별칭에서도 알 수 있듯이 정말 선량한 사람들이 살고 있어. 그들이 건네는 작은 미소 하나에 마음이 한없이 따뜻해지고 편안해져. 여기에 열대지역 특유의 여유로움이 더해져서 방콕은 매년 항공사 승무원들이 꼽는 최고의 여행지에 이름을 올리지. 방콕을 동남아의 그저 그런 여행지쯤으로만 알고 있다면, 그래 맞아. 대충 아는 거야, 방콕을.

연중 무덥고 습한 날씨 탓에 방콕에서 새벽부터 늦은 밤까지 부지런히 움직이는 여행은 힘들어. 낮에는 늦잠을 자거나 호텔에서 수영을 하면서 망중한을 즐기면 돼. 가까운 마사지숍으로 가서 전통 태국 마사지를 받으며 비행하느라 힘들었을 몸을 풀어줘도 좋아. 스트레스로 뭉친 근육들을 아주 찹쌀떡처럼 말랑말랑하게 만들어줘. 노곤함이 밀려오면 서늘한 바람이 부는 나무 그늘 밑에서 로컬 맥주인 '싱하'를 한 잔 시원

## The Peninsula Bangkok, Thailand

Bangkok, Thailand

Mandarin Oriental Bangkok, Thailand

하게 마셔봐. 세상에 부러울 게 없을 거야. 명심해. 한없이 게으름을 피우며 하루종일 빈둥거리는 게 방콕 여행의 핵심이야. 아무것도 하지 않을 자유를 즐겨보라고.

그럴 거면 여행을 왜 가냐고? 한국에선 그럴 수 없으니까. 그렇게 빈둥거리며 게으름을 부리면 괜한 자책감에 뭐라도 해야 할 것만 같으니까. 잠시의 여유도 사치라고 스스로를 옥죄고 있잖아. 자투리 시간에 영어 단어라도 하나 더 외우지 않으면 남들보다 뒤처지는 것 같아 괜히 우울해지잖아.

방콕이라면 그래도 돼. 유럽처럼 시간을 쪼개가며 봐야 할 유적지도 별로 없고 반드시 먹어야 할 것도 사야 할 것도 많지 않아. 그냥 머리를 비우고 천사들의 미소에 화답하며 여유를 가져봐. 끝없이 게을러져보라고. 그렇게도 살 수 있구나 하는 걸 깨달았을 때 네 삶도 조금은 달라질 거야. 조금은 더 네 의지대로 살 수 있게 되겠지. 남이 시키는 대로 사는 인생 말고, 내 마음대로 사는 인생 말이야.

## Bangkok 방콕

태국의 수도이자 역사, 경제, 문화의 중심지. 도심을 가로지는 방콕의 젖줄 차오프라야 강을 중심으로 수많은 수로들이 도심 곳곳까지 뻗어 있다. 방콕의 역사를 고스란히 느낄 수 있는 왕궁과 사원, 배낭여행자들의 천국 카오산로드, 세련된 레스토랑과 럭셔리 호텔까지. 스펙터클한 경험을 할 수 있는 매력적인 도시다.

## '고독한 미식가'와 홋카이도의 밤

함박눈이 쏟아지는 홋카이도 하코다테 거리를 벌써 4시간 넘게 걷고 있어. 이렇게 눈이 많이 오는 것도, 그래서 온 거리에 눈이 한가득 쌓인 것도, 태어나 눈을 처음 본 아이처럼 신기한 거야. 미끄러운 눈길을 걷느라 체력 소모가 극심한데도 전혀 피곤하지가 않아. 한 컷이라도 더 찍고 싶은 욕심에 무작정 골목길을 걸으며 셔터를 눌러댔어.

정신없이 사진을 찍으며 걷다 보니 어느덧 해가 지고 주위가 어둑해졌어. 내가 서 있는 곳이 어디인지도 모르겠더라고. 두 발은 이미 꽁꽁 얼어서 감각이 없고 배에선 쉴 새 없이 꼬르륵 소리가 나. 뭐라도 좀 먹고 호텔로 들어가야겠다 싶어서 불이 켜져 있는 가게로 무작정 들어갔지.

테이블이 3개쯤 놓여 있는 작은 가게였는데 손님은 아무도 없어. 주인처럼 보이는 남자는 구석 테이블에 앉아 뚫어져라 잡지를 읽고 있는데 내가 인기척을 내자 그때서야 물과 컵을 준비해서 내가 앉은 테이블로 와. 건네받은 메뉴판을 보니 라멘 가게더라고. 삿포로 라멘과 교자 그리고 생맥주 한 잔을 시켜놓고 가게를 찬찬히 살펴보니 기름때가 묻은 나무벽이며 시골 할머니집에 있을 것 같은 괘종시계, 아무렇게나 써서 벽에 붙여놓은 것처럼 보이는 메뉴가 딱 고독한 미식가에 나올 것만 같은 분위기야.

마치 내가 〈고독한 미식가〉의 주인공 이노가시라 고로가 된 것 마냥 뜨거운 라멘 한 그릇과 잘 구운 교자 한 접시를 뚝딱 해치웠어. 두 눈을 감고 천천히 맛을 음미하며 "우마이(맛있어)"를 마구 외쳐댔지. 아무런 정보 없이 무작정 들어온 가게에서 이토록 만족하며 밥을 먹을 줄 어떻게 알았겠어. 정말 맛이 있어서 맛있게 느낀 건지 분위기에 취해 맛있다고 느껴진 건지는 잘 모르겠지만 말야.

고독한 미식가가 음식을 탐하는 사이에도 주인장은 잡지에서 눈을 떼지 못하고 있어. 맨살이 많이 보였던 잡지였던 것 같아. 낡은 텔레비전에서 쏟아져 나오는 알 수 없는 말들 사이로 작은 신음 소리가 들렸던 것 같기도 하고. 그러고 보니 나도 주인도 말을 하지 않았어. 말없이도 밥을 시키고 밥을 내어주는 신기한 밤이야. 고독한 미식가에게 잘 어울리는 밤.

Hakodate, Hokkaido, Japan

## Hokkaido, Japan

## Hakodate 하코다테

일본 홋카이도 남쪽에 위치한 항구도시. 하코다테산에서 보는 야경은 세계 3대 야경으로 불릴 만큼 유명하다. 3월에도 눈이 쌓여 있을 정도로 설국의 정취를 자랑하는 도시다. 수십만 개의 전구가 불을 밝히는 크리스마스 시즌에는 이국적인 분위기가 물씬 풍긴다.

Hakodate, Hokkaido, Japan

## 패키지 여행의 쓸모

대만은 비행기로 2시간이면 닿을 수 있는 여행지야. 그런데 이상하게도 대만과는 크게 인연이 없었나봐. 우연한 기회에 패키지 여행으로 3박 4일을 다녀온 것이 전부야. 꽉 짜인 일정으로 정신없이 여행을 하는 걸 워낙 싫어해서 패키지 여행을 다녀온 건 정말 손에 꼽을 정도인데 하필 또 대만이었네.

타이베이 공항에 도착하자마자 대형버스에 나눠 탄 우리는 3박 4일 동안 대만의 모든 걸 다 보고야 말 것 같은 빡빡한 일정을 시작했어. 버스가 처음 우리를 내려준 곳은 호국열사들을 모신 충렬사忠烈祠야. 30분쯤 머물렀을까? 아직 사진 한 장 제대로 못 찍었는데 버스에 타래. 첫 방문지가 왜 여기인지 누구도 알지 못해. 다음 코스는 세계유산급 보물이 가득한 대만국립고궁박물관이야. 하지만 역시나 시간이 부족해. 깃발을 따라 정신없이 돌고 나니 또 버스 안이야. 그렇게 어디인지도 모를 장소를 수차례 옮겨 다니며 우리 모두는 녹초가 되고 말았어. 겨울을 살다가 갑자기 여름으로 넘어온 터라 아직 기온 적응도 제대로 안 됐는데 너무 달린 거지.

어느덧 해가 기울고 일본인 듯 홍콩인 듯 정갈한 타이베이 도심에 멋진 노을이 물들기 시작했어. 시야가 탁 트인 전망대라도 올라가면 정말 멋진 한 컷을 찍을 수 있겠다는 욕심이 생기더라고. 하다못해 거리를 걸으면서 스냅 사진이라도 찍어야 할 시간인데. 난 식당에 인질로 잡혀 있어. 저 멋진 노을을 보며 밥이나 먹고 있다고.

3박 4일의 여행을 마치고 집으로 돌아오니 온몸이 쑤시고 결려. 차라리 일을 하는 게 낫겠다는 생각이 들 만큼 힘든 여정이었는데 가만 생각해보니 그래서 정말 대만의 많은 것들을 보고 오긴 했어. 혼자 갔다면 아마 보름은 족히 걸렸을 텐데 말이야. 여행 계획을 세우느라 머

Yehliu, Taiwan

Jiufen, Taiwan

Taipei, Taiwan

리를 싸매지 않아도 되고, 길이나 식당을 찾느라 시간을 허비하지 않아도 되고, 적당히 설명도 들으면서 대만이라는 나라를 가볍게 이해하는 정도로는 괜찮은 여행이었어. 특히 유럽 같은 곳은 패키지로 한 번 둘러보고 그중에 마음에 드는 곳을 자유여행으로 찾아가보면 시행착오를 많이 줄일 수 있을 거야. 패키지 여행도 한 번 해보니 제법 쓸모가 있더라고. 체력이 못 따라가서 그렇긴 하지만.

**Taipei 타이베이**

대만의 수도이자 최대 도시. 연중 고온다습한 아열대기후를 보인다. 중화권에서 가장 큰 박물관인 국립고궁박물관과 대만 최고의 고층 건물인 타이베이 101 등이 유명하다. 타이베이 여행의 하이라이트는 역시 야시장 탐험. 대표적인 곳은 스린 야시장으로 다양한 길거리음식이 입을 즐겁게 한다.

## 완벽한 고립, 끄라비에서의 여름휴가

직장인들에게 가장 소중한 시간은 아마도 여름휴가가 아닐까? 일 년 내내 일에 파묻혀 살다가 겨우 일주일 비로소 일에서 해방될 수 있는 시간이니까. 그렇게라도 잠시 일을 떠날 수 있어서 다시 일 년을 버틸 수 있으니까. 그 일주일이 쏜살 같이 빨리 흘러간다는 게 아쉽지만 그것마저 없으면 도무지 견딜 수가 없을 것 같아.

이토록 소중한 여름휴가를 대충 보낼 수는 없지. 한 점의 후회도 없는 완벽한 휴가를 만들기 위해 몇 달 전부터 어디로 갈지, 어디에서 잘지, 무엇을 먹을지 철저하게 조사하고 계획하는 건 기본이야. 그 어떤 여행보다 많은 예산을 쏟아붓기도 해. 여름휴가니까. 일 년을 버텨낼 비타민 같은 여행이니까 그쯤은 해도 괜찮아.

여름휴가만큼은 아무런 방해도 받지 않고 푹 쉬고 싶어서, 주로 멋진 바다가 있는 휴양지로 떠났어. 태국의 푸껫이나 끄라비, 필리핀 보라카이와 베트남 푸꾸옥, 미국 괌과 하와이 등지의 근사한 리조트에 짐을 풀어놓고 여행 내내 정말 아무것도 하지 않는 것이 내가 여름휴가를 보내는 방식이야. 어떨 땐 전화기도 아예 끄고 인터넷도 차단시켜. 한국에서의 일이 전혀 생각나지 않도록 나를 철저히 고립시키는 거지. 휴가지에서 업무와 관련된 전화나 문자메시지를 받는 것만큼 짜증나는 일도 없잖아.

여러 나라의 휴양지를 여행하면서 가장 기억에 남는 곳은 태국 끄라비에 있는 피말라이 리조트야. 푸껫에서 자동차로 1시간 쯤 달려서 간 뒤 배를 갈아타고, 다시 자동차로 30분 정도 이동해야 겨우 도착하는 오지 중의 오지, 란타 섬에 리조트가 있어. 호텔 밖을 나서면 아무것도 할 게 없는 외딴 곳이라 여기 저기 다니면서 구경하길 좋아하는 사람이라면 심심해서 죽을지도 몰라. 하지만 난 그래서 선택했어. 그 고립감을 제대로 느껴보기 위해서.

바다가 내려다보이는 전망 좋은 위치에 지어진 피말라이 리조트는 모든 객실이 개인 수영장을 갖춘 풀빌라야. 침실과 거실이 별도의 건물로 분리되어 있고 마당도 있어서 호텔이 아니라 마치 집에서 지내는 것처럼 편안하고 쾌적해. 리조트에서 가장 전망이 좋은 곳에 위치한 조식 레스토랑은 빼어난 경관만큼이나 음식 맛도 훌륭하지. 이른 아침 햇살이 반짝이는 바다를 보며 야외에서 즐기는 아침식사는 피말라이 리조트로 가야 할 가장 큰 이유야.

Pimalai Resort & Spa, Krabi, Thailnad

조식 레스토랑 외에도 리조트 내에 몇 개의 레스토랑이 더 있는데 하나 같이 다 맛있어. 리조트에서 운영하는 스파도 수준급이고. 그 아까운 여름휴가를 리조트 안에서 먹고 자는 걸로 끝내는 게 이해되지 않는 사람들도 많을 거야. 하지만 난 그런 게 휴가라고 생각해. 여행과 휴가는 다르다고 생각하거든. 말 그대로 휴가는 푹 쉬는 거잖아. 아무런 강요도 스트레스도 없는 상태에서 마음의 안식을 얻는.

아무것도 하지 않고 그저 바다와 산만 보고 있어도 행복한 이곳에서 난 완벽한 여름휴가를 만났어. 근사한 레스토랑에서 느긋하게 아침 식사를 하고 낮에는 수영을 하거나 낮잠을 자며 시간을 보내는 거야. 저녁에는 별을 보며 와인을 마시거나 음악을 듣다가 잠이 들면 돼. 하루만 해도 심심할 것 같다고? 그래서 해보라는 거야. 정말 심심한지 아닌지 직접 경험해보라고. 아마도 깜짝 놀랄걸? 생각보다 할 게 많아서. 텔레비전과 휴대폰이 없으면 미칠 것 같지만 안 그래. 없어도 잘 살 수 있어. 우리가 얼마나 그런 것들에 중독되어 있는지 깨닫는 시간이 될 거야.

**Krabi 크라비**

---

태국에서 가장 큰 섬인 푸껫에서 동쪽으로 45km 떨어진 해양도시. 안다만해를 마주하고 있으며 팡아만의 해양국립공원과도 가깝다. 130여 개의 크고 작은 섬과 기암괴석, 맹그로브숲, 석회암 동굴 등 천혜의 자연을 앞세워 많은 관광객들을 불러들이는 관광도시다.

## 그레이트 오션 로드, 내가 사는 이 지구별

대자연을 마주할 때면 언제나 가슴이 벅차올라. 좁은 땅에 사는 한국인의 비애일지도 모르지. 도무지 상상할 수 없는 규모의 자연 앞에 서면 비로소 내가 한국이 아니라 지구별에 살고 있다는 걸 실감하게 돼.

평생 그렇게 큰 파도는 처음 봤어. 언덕을 넘어 바닷가로 가기까지 아직 30분 정도가 남았는데 벌써 파도 소리가 들리는 거야. 그때부터 심상치 않았지. 얼마나 큰 바다이기에 이렇게 멀리에서도 파도 소리가 들릴까. 한 걸음 한 걸음 바다를 향해 두 발을 옮길 때마다 궁금증과 기대감이 한껏 부풀어 올라 심장이 두근거렸어.

이윽고 언덕 정상에 도착하자 집채만 한 파도가 끝없이 밀려오는 망망대해가 펼쳐졌어. 맹렬한 소리와 함께 파도의 포말이 여기까지 날아와. 도무지 깊이를 가늠할 수 없는, 도무지 넓이를 헤아릴 수 없는 거대한 바다에 어울리는 파도였어. 꿈에도 그리던 호주 멜버른의 그레이트

Great Ocean Road, Australia

## Great Ocean Road, Australia

오션 로드는 그렇게 첫인상부터 감동이더라.

그레이트 오션 로드는 멜버른 시내 남쪽 해안을 따라 200km 넘게 이어지는 해안도로야. 바람과 파도에 침식돼 육지에서 떨어져 나간 12개의 바위기둥이 있는 바로 그곳. 우리나라 TV 광고에도 나왔을 만큼 유명한 풍경이야. 자동차를 타고 둘러봐도 좋지만 104km 트레일 코스를 걸어보는 게 더 기억에 남을 거야. 망망대해와 거친 파도를 보며 하루 종일 걷는 거지. 해가 지면 숲 속 롯지(lodge, 소규모 인원만 숙박 가능한 자연 친화적인 럭셔리 스타일의 숙소)로 가서 쉐프가 만들어주는 특별한 저녁을 먹고, 밤이 깊어지면 별이불을 덮고 자면 돼.

그렇게 며칠 그레이트 오션 로드에서 지내고 나면 쳇바퀴처럼 살아왔던 지난날이 조금은 허무하게 느껴져. 세상은 이렇게 넓은데 그 좁은 사무실에 앉아 세월을 보내고 있다는 게 안타까워진다고. 여행을 많이 할수록 자꾸만 시간이 아깝다는 생각이 많이 들어. 내가 하고 싶은 건 따로 있는데 정작 나는 다른 일로 시간을 낭비하고 있다는 생각. 내가 있어야 할 곳은 여기가 아닌데 엉뚱한 데 와 있다는 생각. 그런 생각을 왜 지금껏 못 했을까 하는 생각. 생각 또 생각.

생각이 많아지는 건 좋은 일이야. 내가 변하고 있다는 증거니까. 많이 생각하고 많이 고민해. 진짜 나를 찾아가는 과정이니까. 괜찮아.

## Melbourne, Australia

### Melbourne 멜버른

그레이트 오션 로드를 품고 있는 멜버른은 호주에서 두 번째로 큰 도시다. 호주에서 가장 오래된 기차역이자 고풍스러운 건축물인 플린더스 스트리트 역을 비롯해 세인트 폴 성당 등 유럽의 향기가 물씬 풍기는 스폿들이 많다. 연중 온화한 기후를 나타내며 여유롭고 평화로운 도시 분위기가 인상적이다.

## 오사카에서 분실물 찾기

세계 여러 곳을 여행했지만 그중 가장 많이 다녀온 곳은 일본이야. 주말에 훌쩍 다녀와도 될 만큼 한국에서 가깝기도 하고 내 성향과도 잘 맞더라고. 질서 정연한 모습이라든지 깨끗한 거리, 남에게 폐를 끼치기 싫어하는 문화 등. 원래 살았던 곳인 것처럼 마음이 편해. 생김새도 일본 사람과 비슷한지 일본에 가면 사람들이 그렇게 일본말로 길을 물어. 난감하게.

자주 가게 되니 관심도 많아지고 자연스럽게 일본어도 공부하게 됐어. 지금쯤이면 유창하게 일본어로 대화를 할 수 있어야 하는데 여전히 초급 수준이야. 일본어 초급반만 벌써 몇 번째 들었는지 몰라. 초급에서 그만두고 또 그만두는 일을 반복하다 보니 도무지 실력이 늘지 않아.

벚꽃이 흩날리던 봄, 오사카를 여행할 때도 그랬어. 형편없는 일본

# Osaka, Japan

어 실력으로 겨우 밥이나 시켜 먹을 수준이었는데 대형사고를 치고 말았어. 지하철에 배낭을 두고 내린 거야. 일주일 동안 오사카에 머물며 사용할 옷가지는 물론이고 카메라 충전기와 가이드북, 삼각대까지 몽땅 들어 있는데 말이야. 가방을 잃어버린 것도 모른 채 룰루랄라 개찰구로 걸어 가다가 번쩍 정신이 들었어. 등에 배낭이 없다는 걸 발견한 순간 미친 듯이 다시 지하철로 뛰어갔지만 지하철이 기다리고 있을 리 없잖아.

마침 역무원이 걸어오기에 다급하게 말을 붙였어. "와스레 모노가(잃어버린 물건이)…" '와스레 모노'란 말이 나도 모르게 입에서 툭 튀어나왔어. 학원에서 한두 번 들어본 것 같은 이 말이 적확한 타이밍에 딱 기억난 거야. 역무원은 금방 이해한듯, 날 역무실로 데리고 갔는데 놀랍게도 거기에 내 배낭이 떡 하니 있지 뭐야. 자초지종을 들어보니 그 지하철이 마침 이 역까지만 운행하는 열차였고 손님이 다 내린 뒤에 내부를 둘러보던 승무원이 배낭을 발견해 맡겼대. 억세게 운이 좋은 날이었던 거지.

그 뒤로 '와스레 모노'는 내 머리에 딱 박혀서 절대 잊어버리지 않는 단어가 되었어. 언제든 일본 여행에서 써먹을 수 있는 귀중한 단어니까. 그 일로 일본어 공부에 대한 열망이 다시금 끓어올랐는데, 사실은 지금도 초급반이야. 이제는 몇 번째인지도 모르겠지만.

Osaka, Japan

**Osaka 오사카**

서일본 최대 도시이자 일본 제2의 도시. 오코노미야키와 타코야키, 라멘 등 먹다가 망한다는 말이 있을 정도로 미식이 발달한 도시이기도 하다. 일본의 3대 성 가운데 하나이자 유네스코 세계문화유산인 히메지성을 비롯해 오사카성과 미식의 중심 도톤보리, 유니버설 스튜디오 등 볼거리, 놀거리, 먹을거리가 넘쳐나는 여행지다.

## 가고시마의 평온한(?) 지진

시끄럽게 울려대는 휴대폰 경고음에 화들짝 놀라 잠이 깼어. 침대 옆 테이블로 팔을 뻗어 휴대폰을 잡으려는 순간 침대가 흔들리기 시작하는 거야. 잠시 꿈인가? 싶었는데 건물 전체가 무너질 듯이 좌우로 심하게 움직이는 통에 나도 모르게 침대에서 내려와 화장대 아래로 몸을 숨겼어.

활화산이 연기를 내뿜고 있는 가고시마에서 진짜 지진을 만날 줄은 꿈에도 몰랐어. 마치 놀이기구를 탄 것처럼 10층짜리 건물이 삐걱삐걱 소리까지 내며 심하게 흔들릴 땐 머리가 정말 하얘지더라고. 도망갈 생각도 못하고 좁은 화장대 밑에서 고개를 숙인 채 지진이 멈추기만 기다렸지 뭐. 심장이 뛰어 죽을 것만 같던 그 공포가 다시금 찾아온 기분이었어.

끝날 것 같지 않던 진동이 조금씩 잦아들자 호텔 방문을 박차고 나

Kagoshima, Japan

가 계단을 타고 1층으로 헐레벌떡 뛰어 내려갔어. 당장 호텔 밖으로 나가야 한다는 생각밖에 없었거든.

그런데 대피한 사람들로 북적일 것 같던 거리가 너무나 조용한 거야. 잠옷 바람에 그것도 맨발로 길 위에 서 있는 사람은 나뿐이더라고. 너무 이상해서 주위를 둘러보니 모두가 아무 일 없었다는 듯 제 할 일들을 하고 있는 게 아니겠어? 비가 내렸다가 그친 것처럼 아무렇지도 않게. 그러고 보니 호텔 방에서 바닥으로 굴러 떨어진 물건이 하나도 없더라. 화장대도 거울도 전화도 드라이기도 모두 벽에 딱 붙어서 제자리를 잘 지키고 있는 거야. 놀란 가슴을 쓸어내리면서도 그게 참 신기하더라고.

화산이 여전히 활동을 하고 있는 곳이니 지진을 얼마나 자주 겪었겠어. 그들에게 지진은 비나 눈 같은 자연현상일 뿐이야. 받아들이고 말고 할 것도 없는 운명이라고. 화산이 있어서 관광객들이 찾아오고 그들 덕분에 먹고 사니까 지진조차 운명처럼 받아들인다고 했어. 그러다 나쁜 일이 생겨도 어쩔 수 없는 운명이라고.

한동안 그 말을 이해하기 어려웠는데 곰곰이 생각해보니 나 같아도 그럴 것 같아. 그렇게 생각하지 않으면 견딜 수 없을 테니까. 운명이란 그런 거야. 피한다고 피할 수 있는 게 아니잖아. 그냥 받아들이면 돼. 내 운명은 왜 이러냐고 탓해봐야 바뀌는 건 하나도 없어. 인생이 고달파질 뿐이지. 어떻게 해도 바꿀 수 없는 운명이라면 그런가 보다 하고 살아 보는 게 어때? 심각하게 생각하지 말고. 고민할 시간에 잠이나 더 자둬. 그리고 오늘을 즐겨. 내일 일은 내일 생각하고.

**Kagoshima 가고시마**

일본 규수 가고시마현의 현청 소재지. 가고시마의 상징인 사쿠라지마섬은 지금도 연기를 내뿜는 활화산으로 일본 최초의 국립공원으로 지정되었다. 원천(源泉) 개수가 일본에서 두 번째로 많은 천연 온천왕국으로 모래찜질 온천도 체험해볼 수 있다.

Kagoshima, Japan

## 우리밖에 없는 여행이라니!

“어떻게… 오셨어요?” 호텔 체크인 카운터의 직원이 놀란 눈으로 우리 가족을 맞았어. 제주는 지금 며칠째 함박눈이 쏟아져 모든 비행편이 결항됐거든. 그 폭설을 뚫고 왔으니 놀랄 만도 해. 예약자 대부분이 제주도로 들어오지 못해서 예약을 취소했는데 우리는 체크인을 한 거야.

며칠째 계속되던 제주도 폭설 소식에 여행을 취소할까 고민도 했어. 그런데 마침 여행 당일에는 눈이 그치면서 날씨가 조금 풀리는 것 같더라고. 우리가 예약한 비행기도 정상적으로 출발한다고 해서 공항으로 갔지. 순조롭게 탑승 수속을 끝내고 비행기도 탔어. 그런데 계속 출발을 안 하는 거야. 그 사이 포털에선 폭설로 제주공항이 폐쇄됐다는 뉴스가 속보로 계속 나오고 있었어. 제주로 갔던 비행기들이 줄줄이 회항하고 있다는 소식도 전해졌고.

Jeju, Korea

그렇게 한 시간이나 비행기 안에 갇혀 있었는데 결국 출발을 못하고 비행기에서 내렸어. 제주행 비행기는 모두 결항됐고 손님들도 짐을 찾아 하나 둘 집으로 돌아가는데 우리만 버틸 수는 없잖아. 마음을 접고 공항을 나서려는데 이건 또 무슨 운명의 장난인지. 우리 비행기만 '결항'이 아니라 '지연'으로 뜨는 거야. 지연이라는 건 비행기가 뜰 수도 있다는 뜻. 제주공항에 발이 묶인 승객들이 점점 늘어나고 있으니 이들을 실어 나를 비행기가 한 대라도 더 제주로 돌아가야 하는 상황인 거야.

이 비행기는 무조건 제주로 간다는 확신이 들자 끝까지 기다려보기로 했어. 그 뒤로 3시간을 더 기다렸는데 기적처럼 비행기는 제주를 향해 이륙했어. 그리고 40분 뒤 제주공항에 무사히 착륙했지. 때마침 눈이 그치고 바람이 잦아든 덕분에. 그리고 거짓말처럼 또 함박눈이 쏟아지면서 우리 뒤에 출발한 비행기는 또 회항. 그렇게 우리만 폭설을 뚫고 제주로 들어오게 된 거야.

우리 가족 외에 손님은 거의 보이지 않았어. 어딜 가도 우리밖에 없는 거야. 로비에도 식당에도 사우나실에도. 우리가 호텔을 통으로 전세 낸 것 같더라고. 압권은 다음 날 아침 조식이었어. 손님이 거의 없는데도 조식 뷔페를 차린 거야. 모든 직원이 우리만 쳐다보고 있어. 고개만 살짝 들어도 당장이라도 달려올 듯해서 눈을 마주치는 게 여간 부담스럽지 않았는데 한편으론 그 시선을 은근히 즐기게도 되더라고. 내가 뭐라도 된 것마냥.

그날 먹었던 팬케이크는 완벽 그 자체였어. 오직 우리만을 위해 정성껏 구운 팬케이크를 지금도 잊을 수 없어. 정성껏 말아주던 쌀국수와 예술의 경지로 느껴졌던 오믈렛까지. 언제 또 이런 황제 조식을 경험할 수 있을까. 세상에! 우리밖에 없는 여행이라니. 황홀하다.

## 호캉스는 마카오에서

전 세계 도박꾼들이 다 모인다는 마카오. 도박은 고사하고 화투도 못 치는 내가 갈 곳은 아니라는 생각에 별 관심도 없었는데 호텔 예약 사이트를 뒤지다가 생각이 달라졌어. 카지노 손님을 유치하기 위해서인지 룸 가격을 상당히 낮게 책정하고 있더라고.

5성급 호텔인 쉐라톤, 메리어트, 하얏트, 세인트 레지스 등이 1박에 15만 원 안팎이야. 동남아에서도 최소 1박에 30만 원 이상은 하는 곳인데 말이야. 더 리츠 칼튼, 포시즌처럼 1박에 100만 원은 우습게 나오는 초특급 럭셔리 호텔도 저렴할 땐 30만 원 언저리야. 호캉스를 좋아하는 사람이라면 눈이 번쩍 뜨일 가격이 아닐 수 없어.

나의 마카오 사랑은 그때부터 시작됐던 것 같아. 카지노 호텔에 묵는다고 카지노를 꼭 해야 되는 건 아니야. 저렴한 가격으로 호텔만 즐겨도 아무도 뭐라고 할 사람이 없어. 마침 마카오 직항 편이 늘어나면

永利
Wynn
red 紅 8 粥麵
傳統廣東及中國北方特色菜館
AUTHENTIC CANTONESE AND
REGIONAL CHINESE SPECIALTIES

Wynn Macau, Macau

서 금요일 퇴근 후 밤 비행기를 타고 마카오로 날아가 꽉 찬 이틀을 보내고 월요일 새벽 비행기로 돌아오는 주말여행도 가능해지니까 수시로 마카오를 가게 되더라. 두 눈을 동그랗게 뜨며 "또 마카오?"라고 묻던 지인들은 내가 도박에라도 빠졌나 의심했겠지만 나는 그저 호캉스를 즐기러 갔을 뿐이라고. 호캉스!

평소에는 언감생심 꿈도 못 꾸던 특급호텔에서 여유로운 주말을 즐겨보니 세상에 이런 여행도 있구나 싶더라. 여행을 떠나면 늘 무엇인가를 하기 바빴는데 편안한 호텔에서 맛있는 음식을 먹고 수영도 하면서 느긋하게 하루를 보내는 것도 나쁘지 않더라고. 나쁘지 않은 게 아니라 너무 좋았어. 꼭 해야 할 것도, 하지 말아야 할 것도 없는, 자유 의지로 충만한 시간이잖아.

그 후론 호텔 밖으로 나가는 것조차 귀찮은 호캉스 마니아가 되어버렸다는 게 함정이긴 해. 일주일 내내 호텔에서만 지내다 온 적도 있을 정도라니까. 나중에는 멋진 호텔이 있는 곳을 찾아 여행을 떠나게 되더라고. 그 호텔에 묵기 위해 여행을 떠나는 거야. 샹그리라 호텔이 있는 필리핀 보라카이가 그랬고 인터컨티넨탈 호텔이 있는 베트남 푸꾸옥이 그랬어.

1분 1초가 아까워서 한 군데라도 더 보려고 부지런히 움직이는 사람들은 절대 이해할 수 없겠지만 어떡하겠어. 나는 그런 여행이 좋은 걸. 좋은 호텔에서 잘 갖춰진 시설들을 충분히 이용하고 양질의 서비스도

## The Venetian Macau, Macau

Wynn Palace, Macau

받으며 평소에 가질 수 없는 여유를 마음껏 누리는 여행이 자꾸만 끌리는 것을. 여행을 가서까지 일에 쫓기듯 바쁘게 움직이긴 싫어. 마치 성과를 내야 하는 업무처럼 계획표를 짜고 체크리스트를 만드는 여행을 더이상 하고 싶지 않아. 여행이 일이 되면 피곤하잖아. 여행이 스트레스가 되면 안 되잖아.

**M a c a u 마카오**

중국 난하이 연안에 있는 특별행정구다. 약 400여 년 동안 포르투갈의 지배를 받은 탓에 도심 곳곳에 아직도 유럽풍의 건물들이 남아 있는데다 세계문화유산이 30곳에 이른다. 화려한 카지노호텔과 기상천외한 쇼, 동서양이 어우러지는 축제 등 '동양의 라스베이거스'란 별명이 전혀 어색하지 않다.

Yosemite National Park, California, USA

## 요세미티, 수십만 년 전 밤하늘

출국 직전 받은 전화 한 통 때문에 한없이 들떠 있어야 할 기분이 바닥이야. 샌프란시스코 여행 일정 중에 이틀을 잡은 요세미티 국립공원이 말썽이었어. 한참 성수기라 요세미티 주변 호텔에 방이 없다는 거야. 일부러 현지 여행사를 섭외해 부탁을 했는데도 소용이 없었어. 요세미티에서 1박을 하면서 여유롭게 주변을 둘러볼 계획이었는데 숙소가 없으니 계획이 틀어지게 생겼어.

"요세미티에서 150km 정도 떨어진 곳에 모텔이 있는데 어때?" 150km 정도면 차로 넉넉하게 2시간. 미국의 땅덩어리를 생각하면 나쁘지 않은 제안이었지만 거절했어. 단순히 잘 곳이 필요한 것이 아니라 난 요세미티 국립공원에서 하룻밤을 묵고 싶었다고!

내가 이토록 요세미티에서의 하룻밤에 집착한 이유는 바로 그곳이 요세미티이기 때문이야. 자연을 완벽하게 보존하기 위해 만든 국립공원 제도는 미국에서 탄생했어. 요세미티는 미국 최초의 국립공원이고. 우리나라에도 국립공원 제도가 있지만 미국과는 완전히 달라. 미국은 자연을 있는 그대로 보존하기 위해 국립공원 내에는 가드레일이나 표지판도 함부로 설치하지 않아. 산불도 자연의 일부로 생각하고 그냥 두는 경우도 있어. 그만큼 인위적인 개입을 하지 않겠다는 뜻이지.

덕분에 요세미티는 북미 대륙의 대자연을 오롯이 간직하고 있어. 원시림이 살아 숨쉬는, 태초의 자연을 만날 수 있는 곳이라고. 그런 곳에서 하룻밤을 묵으며 요세미티의 24시간을 온전히 느껴보고 싶었는데 그 계획에 큰 차질이 생긴 거야.

상심과 낙담이 뒤섞인 12시간의 비행 뒤에 샌프란시스코 공항에서 만난 가이드는 풀이 죽은 내 표정이 안쓰러웠는지 방법을 찾아보겠대. 그러면서 텐트에서 잘 수 있겠냐는 거야. 텐트? 덩치 큰 남자 둘이 그것도 2인용 텐트에서? 처음엔 장난인가 싶었는데 설명을 들어보니 꽤 매력적인 제안이었어. 호텔보다 더 깊숙한 곳에 있는 요세미티 야영장에서 하룻밤을 보내자는 거야.

요세미티 국립공원 야영장은 연초에 홈페이지를 통해 예약을 받아. 경쟁률이 아주 치열하기 때문에 원한다고 아무나 잘 수 있는 곳이 아니야. 가이드가 개인적인 용도로 예약을 해두었는데 우리에게 그걸 쓰게 해주겠대. 그 말을 듣는 순간 인천공항에서부터 시작된 두통이 싹 사라지더니 가이드가 한없이 훌륭하게 보이는 거야. 나 지금 감동한 거지?

Yosemite National Park,
California, USA

## Yosemite National Park, California, USA 요세미티 국립공원

미국 캘리포니아주 중부 시에라네바다 산맥 서쪽 사면에 위치한 산악지대로 1890년에 국립공원으로 지정됐다. 약 1백만 년 전 빙하의 침식작용으로 화강감 절벽과 U자형 계곡이 형성됐고 빙하가 녹으면서,기암절벽과 호수, 폭포 등이 만들어졌다. 깎아지른 듯 솟아오른 거대한 암벽이 많은데 높이 1천 미터의 화강암 엘 캐피탄과 하프돔은 암벽 등반가들의 도전 대상으로 유명하다. 1984년에는 유네스코 세계자연유산으로 등록됐다.

덕분에 전혀 기대하지 않았던 요세미티의 진짜 모습을 만나고 왔어. 도무지 규모를 가늠할 수 없는 거대한 바위와 수천 년을 살고 있는 것처럼 보였던 웅장한 나무들. 그냥 마셔도 될 것 같은 맑은 계곡물과 한없이 달콤했던 공기까지. 무엇 하나도 특별하지 않았던 것이 없었어. 물줄기가 쏟아지는 커다란 바위 뒤로 태양이 솟아올라 세상을 환하게 비추는 장면은 지금 생각해도 온몸에 전율이 흘러.

밤은 또 어떻고. 아직도 그날 밤을 잊을 수 없어. 하늘이 온통 반짝이는 별들로 가득했던 요세미티의 밤을 말이야. 수십만 년 전 원시의 밤이 이랬을까? 아무 소리도 아무런 불빛도 없는 고요한 밤. 오로지 별빛만이 우리를 내려다보는 거룩한 밤이었어.

여행이란 이런 것이구나. 우리의 삶도 이런 것이겠구나. 불행이라 생각했던 것이 지나고 보면 불행이 아닐 수도 있다는 걸 요세미티에서 배웠어. 그러니 힘내. 지금 판단하지 말자고. 시간은 아직 많으니까!

## 사막에서의 하룻밤

사막에서의 하룻밤은 여행자라면 누구나 꿈꾸는 버킷리스트 중 하나야. 세상의 모든 빛이 사라진 밤. 칠흑같은 어둠 속에서 희미하게 불을 밝힌 별빛을 따라 하염없이 걷는 상상을 자주 했어. 아무것도 보이지 않고 아무것도 들리지 않는 적막 속에서 나 자신을 들여다보고 싶었어. 완벽한 고립 속에서 진짜 내 모습을 찾고 싶었어. 캄캄한 사막 한가운데에 서면 왠지 해답을 얻을 수 있을 것만 같았거든.

하지만 현실은 그리 호락호락하지 않아. 대부분의 사막지대는 도심과 멀리 떨어져 있기 때문에 이동에 상당한 시간이 걸려. 오직 모래만 가득한, 거대한 모래언덕이 리드미컬하게 오르내리며 끝도 없이 이어지는 진짜 사막을 원한다면 더욱 깊숙이 들어가야 해. 이럴 경우 2~3일을 달려가서 하룻밤을 자고 2~3일을 다시 달려나와야 하는 강행군이 펼쳐질 가능성이 높아. 오직 사막에서 하룻밤 자는 것이 목표인 여

Ica, Peru

Paracas, Peru

행이라면 모를까. 대부분은 포기하고 말 거야.

사막 가운데로 갈수록 여행의 질은 급격히 떨어져. 천막이나 텐트에서 자는 일이 다반사고 샤워도 불가능해. 밤에는 몹시 춥고 낮에는 미칠 듯이 더워. 하루 종일 땡볕에서 모래바람을 맞으며 이동해야 해. 사막의 낭만을 외치며 낙타까지 탔다면 엉덩이가 까질 각오까지 해야 하지. 여행이 아니라 고행이야.

먼저 사막 여행을 다녀온 선배들의 과장 섞인 무용담을 들을 때마다 사막에서 자는 건 포기해야겠다 싶다가도 돌아서면 또 궁금해져. 그동안 제법 많은 사막을 찾아다녔지만 사막에서 온전히 밤을 지내본 적은 없거든. 아직도 버킷리스트에서 지우지 못한 사막에서의 하룻밤. 하지만 페루에서 잠시 맛본 파라카스 사막이라면 가능할지도 몰라.

내몽골 고비사막에서나 볼 법한 거대한 모래언덕을 동네 마실 가듯 가벼운 마음으로 다녀올 수 있어. 잠자리도 걱정 마. 사막이 병풍처럼 드리운 곳에 특급호텔이 떡 하니 자리하고 있거든. 호텔 앞은 드넓은 바다, 태평양이 시원스럽게 펼쳐져 있어. 모래바람이 부는 사막에서 푸른 바다를 보게 될 줄은 정말이지 꿈에서도 알지 못했어.

호텔이나 로컬 여행사의 사막 사파리 투어를 이용하면 별빛 가득한 사막에서 근사한 저녁과 함께 사막의 밤을 제대로 즐길 수 있어. 다시 페루 여행을 가면 무조건 파라카스 사막에서 하룻밤을 지낼 거야. 사막에서의 하룻밤을 실현하기에 이보다 더 좋은 곳은 지구상에 없을 거야.

## Doubletree Resort By Hilton, Paracas, Peru

### Paracas 파라카스

페루 피스코주에 있는 도시. 태평양을 끼고 있는 파라카스는 사막과 섬, 절벽 등이 묘하게 어우러진 천혜의 자연 풍경을 자랑한다. 배로 30여 분 떨어진 곳에 있는 바예스타 섬은 펠리컨과 가마우지, 돌고래, 바다사자 등 수 많은 야생동물들이 살고 있는 자연의 보고다.

## 나만 해본 여행이란

드넓은 인터넷 바다를 유영하며 아직 경험하지 못한 세상의 낯선 이야기를 만날 때면 온몸의 여행 세포가 하나하나 살아나는 기분이야. 나도 그곳에 있고 싶단 욕심이 커지면 이미 불은 당겨졌어. 정신을 차리고 보면 사진 속 그 풍경에 내가 서 있는 거지.

누군가로부터 자극을 받아 여행을 떠나는 건 아주 자연스러운 일이야. 요즘처럼 스마트폰으로 손쉽게 세상 구석구석을 구경할 수 있는 시대에는 특히 더. 여행 감성을 듬뿍 자극하는 사진 한 장 때문에 여행을 떠나는 건 이제 더이상 특별한 일이 아니라고.

하지만 그렇게 여행을 떠난 뒤가 문제야. 막연한 기대감에 여행을 오긴 했는데 막상 도착하고 보니 무엇을 해야 할지 막막한 거야. 답답한 마음에 또 SNS를 뒤지고 남들은 뭘 했나 찾게 돼. 그리곤 그들을 따라 나도 사진 속 음식점으로 카페로 성지 순례하듯 여행을 하지.

그래서일까? SNS에서 올라오는 여행기와 사진들이 다들 비슷해. 여행은 지극히 개인적인 경험인데 단체로 여행을 다녀온 것 마냥 먹은 것도 즐긴 것도 심지어 사진을 찍은 장소와 각도 포즈도 모두 똑같아. 그렇게 멋진 풍경 속에서 웃고 있는 나는 '주인공'이 아니라 '배경'이 되고 말았어. 그걸 보고 여행을 떠난 어떤 사람은 그 풍경 속에서 또 다른 배경이 되겠지.

나도 그 곳에 있었다는 '존재 증명'이 넘쳐나는 건 SNS 탓이 커. SNS를 하는 목적이 남에게 내 일상을 자랑하듯 보여주는 거잖아. 남들이 부러워할 만한 일상을 보여주려면 요즘 핫한 여행지를 공략하는 게 쉽지. 거기서 사진 한 장 찍으면 나도 덩달아 핫한 사람이 된 것 같거든. 부끄럽게도 모두 내 얘기야.

여행이 목적이 아니라 수단이 되어 버린 시대. '나도 해본' 여행 말고 '나만 해본' 여행이 고프다. 다른 사람을 의식하지 않고 내 마음이 시키는 대로 하는 여행. 그래서 오롯이 내 이야기가 될 여행이 말이야.

## Jeju, Korea

## 불가항력의 나라, 인도

태생이 지저분한 것을 못 참는 성격이라 인도로 여행을 가겠다고 했을 때 다들 놀라는 눈치였어. 정말 갈 거냐고 되묻는 사람은 양반이야. 인도가 얼마나 지저분한지 얼마나 비위생적인지 알고나 떠나냐고, 넌 절대 그걸 견딜 수 없을 거라고 몇 시간을 붙잡고 설득을 해.

인도를 다녀온 사람은 딱 두 부류래. 다시는 가고 싶지 않다는 사람과 인도에서 아예 살고 싶어졌다는 사람. 이런 극과 극의 반응 때문에 인도 여행자들은 인도에 도착할 때까지도 혼란을 겪는다고 해. 인도로 떠난 것이 정말 잘한 결정인지, 과연 밥이나 제대로 먹을 수 있을지, 화장실은 또 어떻게 해야 하는 건지, 걱정이 한 보따리야.

물론 인도에 도착해 공항에 나서는 순간 이런 고민은 사치가 되고 말아. 사방에서 울려 퍼지는 정신없는 경적 소리와 어디선가 갑자기 나타난 소떼들, 관광객을 붙잡고 알아듣지 못할 말을 쏟아내는 사람들 틈

Pushkar, India

Jodhpur, India

Jaisalmer, India

바구니에서 '난 누군가, 또 여긴 어딘가' 평생 해본 적 없는 존재론적 고민을 하게 되거든.

손으로 밥을 먹고, 더러워 보이는 강물에서 목욕을 하는 사람들이 우리 눈에는 이상하게 보이는 게 당연해. 우리는 그렇게 살지 않으니까. 하지만 그걸 미개하다고 생각하는 순간 오만에 빠지는 거야. 그들의 생활방식에는 나름의 이유가 있기 때문이야. 그건 문화의 차이로 받아들여야 해. 누가 옳다거나 누가 더 낫다는 식의 접근은 위험해.

위생 상태가 좋지 않은 곳이라면 남이 씻어놓은 숟가락을 믿기 어려워. 그보단 내가 깨끗하게 씻은 손이 안심 되지. 볼일을 보고 물로 깨끗하게 씻는 그들 눈에는 휴지로 대충 마무리하는 우리가 더 이상하게 보여. 인도를 200년 가까이 지배했던 영국도 인도 사람들에게 샤워 문화를 배웠어.

내가 아는 것이 세상의 전부가 아님을 여행을 통해 배우고 있어. 내가 알고 있는 세상이 얼마나 좁은지 여행을 하면 할수록 절실하게 느껴지지. 인도 여행은 그런 깨달음을 완벽하게 확인한 시간이어서 더욱 기억에 남아. 인도를 "불가항력의 나라"라고 소개했던 인도인 가이드 쿨빈더 싱의 말이 이제야 이해가 돼. 나와 다르다고 바꾸려 하지 말고, 있는 그대로 받아들이라는 충고가 그 말 속에 들어 있었던 거야.

그래서 인도로 다시 갈 거야 안 갈 거야? 이렇게 묻고 싶지? 인도로 떠나기 전, 인도를 무려 스무 번 가까이 여행한 친구가 내게 해준 말이 있어. 무엇을 상상하든 그 이하를 볼 거라고. 그 말을 듣고 기대치를 한껏 낮춘 덕분인지 생각보다 밥은 맛있었고 화장실은 깨끗했으며 잠자리는 훌륭했어. 그리고 다시 인도로 떠나고 싶어졌어. 불가항력의 나라로 말이야.

**Jaisalmer 자이살메르**

인도 북부 라자스탄주에 위치한 도시다. 덥고 건조한 날씨로 인해 사막지대가 존재하며 낙타를 타고 사막을 둘러보는 사막투어를 할 수 있다. 황갈색 사암으로 만들어진 건물들이 대부분이라 도시가 온통 황갈색을 띤다.

# 백야의 도시, 상트페테르부르크

학창 시절, 과학 시간에 백야를 배운 뒤로 해가 지지 않는 밤은 어떤 느낌일지 늘 궁금했어. 그래서 백야를 소재로 한 영화도 보고 소설도 읽었는데 사실 실감이 잘 안 나더라. 그저 영화 속, 소설 속의 이야기일 뿐이라고만 생각했지. 상상 속에만 존재하는 이야기였으니까. 그런 백야를 실제로 경험할 날이 있을까 싶었는데, 첫 해외 여행을 백야의 도시 러시아 상트페테르부르크로 떠난 거야.

북위 60도에 위치한 도시 상트페테르부르크는 6월부터 8월까지 여름철에 백야 현상이 나타나. 저녁을 먹고 호텔로 돌아온 시간이 밤 9시. 지금쯤이면 주변이 어두워지고 몸도 나른해지면서 밤의 시간으로 바뀌어야 하는데 창밖은 아직도 밝아. 커튼을 쳐도 그 사이로 빛이 비집고 들어와서 아무리 눈을 감고 있어도 생생하게 밝음이 느껴져. 낮도 밤도 아닌 시간이 새벽까지 이어지는 통에 몸과 정신이 따로 노는 기분이야. 몸은 피곤한데 이상하리만치 정신은 말똥말똥해. 베개에 머리만 대면 잠이 드는 내가 불면증에 빠질 줄 어떻게 알았겠어.

시간이 지나면 적응이 되겠거니 했는데 불면증은 더욱 심해졌어. 계속되는 불면의 밤을 해결해보려 꺼내든 카드는 바로 술이야. 고위도 지역은 여름엔 해가 지지 않는 밤이 계속되지만 겨울엔 해가 뜨지 않는 낮이 이어지지. 여름도 고역이지만 겨울도 엄청나게 힘들 것 같아. 하루 종일 밤만 계속되는 날이 몇 달이나 이어지면 어떻게 살아야 할까? 이건 정말 상상조차 잘 안 돼. 술이라도 마셔야 견딜 수 있었을까? 러시아 보드카가 유독 독한 이유를 조금은 알 것도 같아.

술에 취하면 잠이 들 거란 생각에 근처 가게에서 맥주를 한아름 사다가 마셨어. 다들 잠을 잘 못 자는지 하나둘 내 방으로 몰려든 일행들은 불면증을 쫓아보려고 밤새 술판을 벌였어. 그런데 말이야. 술이 안 취해. 아무리 맥주를 마셔도 정신이 더 또렷해져. 다들 왜 이렇게 안 취하냐며 부어라 마셔라 더욱 가열차게 술을 마셨는데도 안 취해. 나중에는 배가 너무 불러서 결국 잠이 들고 말았어.

두어 시간 지났을까? 시간은 짧았지만 정말 오랜만에 깊은 잠을 잤어. 여행 내내 나를 괴롭히던 두통도 말끔히 사라졌고. 정신을 차리고 방을 둘러보니 지난 밤 격렬했던 전투의 흔적이 너무나 처참하더라. 방에 널브러져 있는 맥주 캔부터 정리하려고 찌그러진 캔을 하나 들었는데. 맙소사, 우리가 밤새 마셨던 그 맥주가 무알콜 맥주였어. 러시아어

Saint Petersburg, Russia

Saint Petersburg, Russia

를 아무리 몰라도 그렇지. 숫자 '0'과 기호 '%'는 알아볼 수 있었는데 말이야.

상트페테르부르크에서 모스크바로 돌아오는 밤, 우리는 야간열차 안에서 보드카를 나눠 마셨어. 무알콜 맥주의 아픔을 잊고 오늘은 반드시 꿀잠을 자리라 다짐하면서 말이야. 시간은 자정을 넘어 새벽으로 달려가고 있어. 마지막이라 그런가. 열차 창밖으로 보이는 붉은 하늘이 그날따라 더 예쁘더라. 어차피 오지 않을 잠은 포기하고 모스크바에 도착할 때까지 밤새도록 백야를 보며 음악을 듣기로 했어. 기분이 내키면 편지도 한 통 써보고 말이야. 이 로맨틱한 분위기를 잠 때문에 놓치고 싶지 않았으니까. 그런데 참 여행이 마음대로 안 된다. 보드카 한 잔에 바로 헤롱헤롱. 모두 기절해버렸어. 보드카 한 잔이 맥주하곤 비교가 안 되더라고.

Moscow, Russia

## Saint Petersburg 상트 페테르부르크

러시아 북서부, 핀란드만에 접해 있는 러시아 제2의 도시. 레닌이 죽었을 땐 '레닌그라드'라는 이름으로 불리기도 했다. 네바강 하구의 100개가 넘는 섬들을 다리로 연결한 수상도시로 수로를 따라 배를 타고 이동할 수 있다. 연평균 기온은 18도 정도로 온화한 해양성 기후를 보이며 6~8월에는 백야 현상이 나타난다.

## 오히려 저렴한 호텔 룸서비스

한국에서 동남아로 떠나는 비행기는 대체로 저녁 시간에 출발해. 기내식을 먹긴 하지만 자정이나 새벽 무렵에 비행기에서 내려 숙소에 도착하면 꽤나 배가 고프더라고. 해결책은 두 가지야. 참고 자든가 가져간 컵라면에 물을 붓든가.

해외 여행 첫날부터 라면을 먹고 싶지는 않아서 대부분 참고 자는 편이었는데, 베트남 푸꾸옥으로 떠났던 그날은 배가 많이 고팠는지, 호텔방에 비치된 안내책자를 뒤져 지금 방에서 먹을 수 있는 음식이 무엇인지 찾기 시작했어. 다행히 24시간 룸서비스가 가능한 메뉴들이 있었는데 생각보다 그리 비싸지 않더라고.

호텔 룸서비스라고 하면 왠지 비쌀 것 같은 느낌이 있잖아. 호텔 직원 여러 명이 커다란 카트 위에 반원 모양의 은색 뚜껑이 덮인 접시와 식기, 와인 등을 한상 차려오는 장면이 떠올라서 그런가봐. 괜히 오버

Shangri-la Boracay Resort & Spa,
Philippines

JW Marriott Phu Quoc Emerald Bay Resort & Spa,
Vietnam

하는 것 같은 기분도 들고 분에 넘치는 지출이라는 걱정도 있어서 룸서비스는 생각도 안 했었는데 막상 가격표를 보니 한국 음식점과 비슷한 가격인 거야. 그래서 시켰지 뭐. 새벽 2시에 쌀국수 두 그릇을.

30분쯤 지나니까 벨소리가 났어. 문을 열어주니 상상 속에서 봤던 그 모습 그대로 호텔 직원 두 명이 카트를 끌고 왔어. 반원 모양의 은색 뚜껑이 덮인 접시도 있고! 방으로 들어와 테이블을 놓고 쌀국수를 먹기 좋게 차려주는데 왠지 막 부자가 된 기분이 들어. 1만 8천 원에 말이야.

그 뒤로 호텔에 갈 때마다 한두 끼는 룸서비스를 시켰어. 처음에는 야식으로 간단하게 먹다가 나중에는 제대로 된 식사를 주문해서 먹었지. 굉장히 비쌀 것 같았는데 아니야. 주문을 잘하면 호텔 밖에서 먹는 것과 큰 차이가 없어. 이동 비용과 수고 등을 합치면 오히려 저렴하다는 생각까지 들어. 그럼에도 맛은 호텔이 훨씬 좋을 가능성이 높아.

물론 호텔 등급에 따라 룸서비스 가격이 넘사벽인 곳도 많아. 1박에 50만 원 이상 하는 럭셔리 호텔의 인룸 다이닝은 확실히 부담스러워. 하지만 한 끼 정도는 룸서비스로 해결해봐도 괜찮다고 생각해. 비싼 호텔을 이용하는 이유가 꼭 방에서 잠을 자는 것만은 아니잖아. 호텔의 여러 시설들을 알차게 이용하는 것도 비싼 호텔을 선택하고 즐기는 이유 중에 하나야. 언제 또 호텔 방에서 근사하게 차려주는 밥을 편안하고 맛있게 먹어보겠어. 주눅 들지 말고 한 번 도전해봐. 기껏 비싼 호텔을 잡아놓고 아침 일찍 나가 밤늦게 들어오기만 할 수는 없잖아.

Fusion Resort, Phu Quoc, Vietnam

### Phu Quoc 푸꾸옥

베트남에서 가장 큰 섬으로 베트남 남부에 위치한다. 아직은 개발이 많이 되지 않아서 자연 그대로의 모습이 많이 남아 있고 사람들도 순박하다. 휴양지로 개발되면서 세계적인 호텔 체인들이 속속 고급 리조트들을 건설하고 있다. 워터파크와 케이블카, 사파리, 야시장 등 풍성한 즐길거리와 함께 몰디브에 비견될 정도로 아름다운 바다가 매력적인 여행지다.

## 기내에서 책 읽는 이 순간

"손님, 2kg 오버하셨습니다."

줄인다고 줄였는데도 결국 오버야. 더이상 버릴 것도 없는데 2kg 때문에 3만 원을 더 내게 생겼지 뭐야. 5만 원에 특가항공권을 샀다고 좋아했는데 배보다 배꼽이 더 커져버렸어. 저가 항공사를 선택했을 때는 이런 불편과 부당함(?)은 감수해야 하는데 화장실 들어갈 때랑 나올 때 마음이 다른 건 어쩔 수 없나봐. 고작 수화물 2kg을 눈감아주지 못하는 상황에 괜히 화가 나더라고.

읽지도 못할 책을 다섯 권이나 들고 온 게 화근이었어. 그것도 500페이지가 넘는 하드커버 양장본을 말야. 분명 바빠서 책 볼 시간이 없을 텐데도 욕심을 못 버리고 꾸역꾸역 캐리어에 책을 집어넣었거든. 10kg이 넘는 카메라 가방을 기내 수화물로 가져가야 하니 책은 캐리어에 담아 보낼 수밖에 없어. 그렇다고 카메라 장비를 줄이거나 옷가지

Kyoto, Japan

를 뺄 수도 없으니 짐을 쌀 때마다 고민이 이만저만이 아니야. 책 좀 빼라고 그렇게 잔소리를 듣는데도 끝까지 포기를 못해. 이유는 잘 모르겠어. 다 읽지 못하더라도, 행여 책을 집어들 여유조차 없더라도, 여행을 갈 땐 꼭 책을 챙겨가고 싶거든.

그렇다고 대단한 독서가는 아니야. 일에 치여 살다 보면 한 달에 두세 권도 읽을까 말까 한 평범한 수준이야. 다만 남들보다 책을 많이 사는 편이긴 해. 이상하게 책 욕심이 많아서 수시로 책방을 드나들면서 책을 사. 집 곳곳에 책을 올려놓아서 이제는 더이상 둘 곳도 없는데 꾸러미 책을 사서 집으로 가는 일이 다반사야. 사두면 언젠가는 읽겠지 하면서 말이야. 그렇게 집에 사둔 책이 몇 천 권인데. 아마 반도 다 못 읽었을 거야. 그래도 좋은 걸 어떡해. 책꽂이에 책상 위에 침대 머리맡에 책이 쌓여 있는 모습만 봐도 기분이 좋아지는 걸.

그렇게 늘 책을 옆구리에 끼고 산 덕인지 책을 만드는 것이 내 삶의 중요한 일이 되었어. 어릴 적부터 책을 좋아하긴 했지만 내가 직접 책을 쓰게 될 줄은 정말 몰랐는데, 매년 한두 권씩 꼬박꼬박 출간을 해온 게 벌써 열세 권이야. 주로 사진과 관련된 책들이고 여행 관련 책도 몇 권 있어. 고맙게도 출간한 지 10년이 넘은 녀석까지 아직 절판이 되지 않고 사랑을 받고 있으니 난 분명 축복받은 작가야.

3만 원을 죽어도 내기 싫어서 다섯 권의 책을 손에 들고 비행기를 탔어. 캐리어에 넣었으면 정말 집으로 돌아올 때까지 한 장도 못 읽었을 텐데 이렇게 함께 비행기를 탄 덕에 모처럼 집중해서 책을 읽었어. 기내 실내등이 꺼지고 부산스럽던 주변이 고요해졌을 때 독서등을 켜고 책에 집중하는 이 시간이 난 참 좋아. 희미한 별빛만 남은 캄캄한 밤, 3만 피트 상공에서 시속 900km로 날아가며 책을 읽는 이 순간이.

비행기 안에서 재미있게 읽었던 책을 추천할게. 김영하의《살인자의 기억법》, 움베르트 에코의《장미의 이름》, 니코스 카잔차키스의《그리스인 조르바》, 알랭 드 보통의《여행의 기술》, 그리고 오쿠다 히데오의《나오미와 가나코》야.

# 인도의 그 가정집은

낯선 사람의 집을 방문하는 건 한국에서도 흔치 않은 일이야. 외국이라면 더욱 그렇지. 말도 잘 통하지 않는 외국인이 나를 집으로 초대했다면 앞뒤 가릴 것 없이 초대에 응하고 봐야 해. 일반 여행자라도 그럴진대 사진가라면 1초도 망설일 이유가 없어. 현지인들의 삶을 가까이에서 보고 카메라에 담을 절호의 기회잖아.

인도 푸쉬카르의 한 골목길에서 만난 아주머니는 카메라를 들고 있는 나를 보더니 대뜸 집으로 가자고 했어. 다섯 살 난 막내아들이 있는데 사진을 찍어 달라는 거야. 그렇지 않아도 현지인을 섭외해 인물사진을 찍고 싶었던 터라 선뜻 아주머니를 따라나섰지. 어째 어젯밤 꿈자리가 좋더니. 횡재도 이런 횡재가 없어.

그도 그럴 것이 해외에서 인물사진을 찍으려면 여간 힘든 게 아니야. 일단 말이 잘 안 통하니 사진을 찍고 싶다고, 모델이 되어 달라고 말을 건네는 것조차 힘들어. 겨우 설득을 해도 원하는 모습이나 포즈로 사진을 찍기까지는 험난한 과정을 거쳐야 해. 그래서 대부분의 사람들은 뒤에서 몰래 찍고 도망가버려. 당연히 그런 사진이 좋을 리가 없지.

좁은 골목길을 이리저리 돌아 도착한 집은 2층짜리 주택이었는데 마당이 제법 넓었어. 사슴처럼 눈이 큰 꼬마 아이가 엄마를 보곤 달려와 안기는데 어찌나 귀여운지 저절로 카메라를 들게 되더라고. 그렇게 두 사람을 찍고 있으니까 주변에서 구경하던 사람들까지 사진을 찍어 달래. 얼떨결에 모델이 늘어나서 정말 신나게 인물사진을 찍었어. 현지인들이 스스로 모델이 되어주는 이런 행운은 인도가 아니면 만나기 힘들 거야.

그렇게 한참을 사람들과 사진 놀이를 하고 있었는데 나를 집으로 데려온 아주머니가 차라도 한 잔 대접하고 싶다며 집 안으로 나를 데리고 가는 거야. 보통의 인도 사람들이 어떻게 사는지 생생하게 볼 수 있는 기회까지 얻게 될 줄은 정말 몰랐는데. 오늘 계 탔네 계 탔어.

집 내부는 무척 소박한데 따뜻함이 느껴지는 공간이었어. 사진을 찍어준 막내아들을 포함해 아들 셋과 부부까지 다섯 명이 옹기종기 모여 사는 모습이 우리와 하나도 다를 바가 없더라고. 낯선 사람에게 선뜻 음식을 내어주는 따뜻한 마음까지 만났어.

한참 집을 구경하며 사진을 찍고 있으니까 아주머니가 예쁜 쟁반에 과자와 차를 담아 내어주셨는데, 왜 그랬을까. 갑자기 저 차를 마셔도

Pushkar, India

Jaisalmer, India

될까? 하는 생각이 들었어. 분명 좋은 분들이었는데 불현듯 경계심이 생기는 거야. 손에 든 수백만 원짜리 카메라 장비와 천 달러 쯤 되는 지갑 속 현금. 그리고 주머니에 넣어둔 여권이 머릿속에 크게 떠오르더라고. 그러고 보니 여기가 어디인지도 몰라. 이미 일행과 멀리 떨어진데다 휴대전화 신호도 안 잡혀서 연락할 방법도 없어. 난 이들 속에 완전히 고립됐고 어쩌면 탈출을 할 수 없을지도.

불길한 상상이 무럭무럭 자라는 사이 불안은 점점 커져만 갔고 급기야 차를 의심하기에 이르렀어. 혹시나 약을 탔다면 난 기절을 할 테고. 그 뒤는…. 생각만 해도 소름이 돋았지. 차를 손에 들고 망설이고 있는 내가 이상했는지 자꾸만 마셔보라고 권하는 아주머니의 표정도 처음과는 다르게 느껴졌어. 이제 뭔가 본심을 드러낸 듯한 음흉스러운 눈빛으로 보여.

차에 입을 대고 한 모금 꿀꺽 마시긴 했는데. 맛이 이상해. 씁싸래한 것이 무엇인가를 탄 것만 같아. 사진을 찍을 땐 없었던 젊은 남자 서넛이 마당에서 어슬렁거리는 모습도 보여. 손에 긴 막대기 같은 걸 들고 있는 것 같기도 하고. 생각이 여기까지 미치자 도무지 앉아 있을 수가 없었어. 자리를 박차고 일어나 그 길로 도망치듯 집을 빠져 나왔어. 걸음아 날 살려라 하고 미친 듯이 뛰었어.

마치 나를 구하러 온 것처럼 타이밍도 기가 막히게 내 앞에 나타난 릭샤(Rickshaw, 동남아의 이동수단)를 잡아타고 호텔로 향했어. 내가 아는 큰 길이 보이자 비로소 마음이 놓이더라. 그런데 또 곰곰이 생각해 보니 내가 무례한 짓을 했다 싶은 거야. 아무런 근거도 없이 나 역시도 인도에 대한 편견으로 오해를 하고 오판을 한 것이 아닌가 싶어서 얼굴이 뜨거워지더라고. 그 와중에 또 아쉬움이 들어. 그 차를 마시고 저녁까지 얻어먹었더라면 정말 멋진 사진을 찍을 수 있었을 텐데 하고 말이야. 참 염치도 없지.

용기와 무모 사이, 그 어디쯤에서 사진가는 늘 고민을 해. 언제든 사진을 위해 몸을 던질 수도 있지만 때로는 과감하게 포기할 줄도 알아야 되더라고. 판단이 잘 서지 않을 땐 촉을 믿는 편인데 근거는 없는 믿음이야. 대부분은 혼자만의 착각일 경우가 많지만 그렇다고 후회를 하지는 않아. 나와 인연이 닿지 않는 사진에 미련을 둬봐야 좋을 건 없으니까.

**Pushkar 푸쉬카르**

---

인도 라자스탄에 있으며 인도에서 가장 오래된 도시 가운데 하나다.
인도의 3대 신 가운데 하나인 브라흐마 사원이 있는 힌두교 성지다.
유목민들이 낙타를 사고 파는 대규모 낙타축제가 매월 11월에 열린다.
수만 마리의 낙타가 한 자리에 모이는 장관을 만날 수 있다.

## 디즈니랜드, 네버랜드를 찾아서

누구나 마음속에 꽁꽁 숨겨둔 네버랜드가 있어. 언제나 행복한 일들만 가득한 꿈의 섬 네버랜드 말이야. 나의 네버랜드는 놀이동산이야. 아직도 철이 덜 든 건지, 놀이동산으로 달려가는 일이 그렇게도 신나고 즐거울 수가 없어. 어릴 적 부모님의 손을 잡고 다녀온 놀이동산의 추억이 너무나도 강렬했기 때문일지도 모르지. 대학에 입학해 처음으로 갔던 여행도, 취업을 하고 처음 떠났던 여행도 다 놀이동산이었어.

유독 디즈니 만화를 많이 보고 자란 세대라 그런지 언젠가 꼭 한 번 디즈니랜드에 가보고 싶었어. 그곳에서 만나는 디즈니 캐릭터들은 오랜 친구처럼 푸근하고 편안할 것만 같았거든. 세월이 흘러도 그 모습 그대로인 만화 주인공들을 통해 시간의 흐름을 거스르고 싶었는지도 몰라. 모든 근심을 내려놓고 나만의 네버랜드에서 해맑게 놀아보고 싶었는지도.

그러던 어느 날 생각지도 못한 초대장을 받아 들었어. 도쿄 디즈니랜드에서 보낸 초대장을. 한동안 잊고 살았던 네버랜드가 그때서야 다시 떠올랐어. 마음만 먹으면 언제든지 갈 수 있는 곳이었는데도 여태껏 용기를 내지 못한 내가 어쩜 그렇게 초라하고 원망스럽던지. 결국 자의가 아닌 타의로 꿈을 이루게 생긴 거야.

그렇다고 싫었던 건 아니야. 싫긴, 너무 반갑고 신이 나서 어쩔 줄을 몰라 했지. 당장이라도 디즈니로 떠날 채비를 할 거라고 야단법석이었는데, 막상 2박 3일 일정이 전부 디즈니에서만 진행된다고 하니 또 고민이 되더라고. 요즘 말로 '현타'가 제대로 왔어. 마음이야 얼마든지 동심으로 돌아갈 수 있는데 체력은 그렇지 못하니까. 아침부터 밤늦도록 놀이기구 하나 타겠다고 긴 줄을 설 자신이 도무지 없는데 너무나 가고 싶으니 고민이 될 수밖에 없었지.

그래도 이런 기회를 놓칠 순 없잖아. 그토록 그리던 디즈니로 떠나는 여행이야. 하루도 아니고 무려 사흘이나. 다시 어린 시절로 돌아가 마음껏 디즈니를 즐기다 오면 되는 거라고. 줄을 서다 쓰러져도 디즈니에서 쓰러져야지, 아무렴.

그렇게 디즈니랜드에서 보낸 사흘은 내 인생에서 가장 행복했던 시간이었어. 정말 모든 걸 내려놓고 세상 모든 것이 신기한 아이처럼 신나게 뛰어 놀았으니까. 그렇게 활짝 웃어본 게 얼마만인지 몰라. 놀이기구를 타기 위해 하루 종일 기다리고 걸으면서도 힘든 줄을 몰랐어.

Tokyo Disneyland, Japan

Tokyo Disneyland, Japan

밤늦게까지 이어지는 퍼레이드와 불꽃축제를 다 보고도 호텔로 돌아가기가 싫더라. 저무는 오늘이 그토록 아쉽고, 다가올 내일이 이토록 기대되는 하루. 영화에나 나올 법한 이런 하루를 디즈니에서 만나버렸어. 나도 어른이 되고 싶지 않은 피터팬이 되어버린 거야.

마법은 아직 풀리지 않았어. 평생 피터팬으로 살아갈 수 있는 진짜 네버랜드를 그래서 찾는 중이야. 눈 뜨기 싫은 아침 말고 눈을 뜨고 싶어 미칠 것 같은 아침을 맞을 수 있는. 진짜 네버랜드를 말야.

**Tokyo Disneyland 도쿄 디즈니랜드**

1983년에 개장한 도쿄 디즈니랜드, 2001년 문을 연 디즈니시 DisneySea가 어우러져 디즈니 테마파크를 이루고 있다. 미국이 아닌 곳에 최초로 만들어진 디즈니랜드로, 미국 본토에 있는 어트랙션을 대부분을 갖추었다. 바다를 테마로 한 디즈니시가 함께 있는 점이 도쿄 디즈니랜드의 특징인데 베네치아의 곤돌라를 재현하는 등 디즈니 캐릭터에 관심이 없는 사람도 즐겁게 시간을 보낼 수 있는 곳이다.

## 여행에서 얻은 '취향의 지도'

집에서 이토록 오랜 시간을 보내게 될 줄은 꿈에도 몰랐어. 그런데 코로나 사태를 맞고 보니 미래를 내다본 결정이었네? 소오름.

이사한 지 10년이 넘은 아파트는 곳곳이 고장을 일으켰고 물건들은 쌓여갔으며 무엇보다 지저분했어. 집을 고친다는 것이 그렇게 힘든 것인줄 알았다면 그냥 이사를 갔을 텐데. 무모한 건지 용감한 건지 인테리어 공사를 해보겠다고 덤빈 거야.

인테리어 업체를 선정하는 데에만 몇 달은 걸린 것 같아. 그런데 그건 시작에 불과했어. 어떤 디자인으로 인테리어를 할지 전체적인 분위기와 톤을 잡고 세부적인 요소들까지(타일이나 벽지, 문손잡이와 스위치의 위치 등등) 정하는 데 또 한참의 시간이 필요했어. 결정을 잘 못하는 사람이라면 정말이지 인테리어 하다가 병을 얻을지도 몰라.

공사가 시작되면 매의 눈으로 현장을 관찰하고 잘못된 부분을 즉각 찾아내서 시정 요구를 해야 해. 안 그러면 공사가 끝난 뒤 다시 뜯어내고 재공사를 해야 하기 때문에, 시간도 비용도 늘어나서 예상했던 예산 범위를 훌쩍 넘게 돼. 디테일에도 신경을 쓰지 않으면 삐뚤빼뚤 정말 환장할 일들이 곳곳에서 터져. 완전 지뢰밭이야.

집을 고치겠다고 마음을 먹고 공사를 마칠 때까지 6개월 동안은 제정신이 아니었던 것 같아. 회사 일은 일대로 하면서 인테리어에도 신경을 써야 하니 체력적으로도 정신적으로도 정말 힘이 들었어. 두 번 다시는 인테리어 공사를 하고 싶지 않을 만큼 말야.

그렇게 모든 체력과 열정을 쏟아부은 덕분인지 생각보다 훨씬 근사한 집으로 재탄생하긴 했어. 나의 모든 취향이 집대성된 공간을 난생처음 가지게 된 거야. 그동안 살았던 공간에는 사실 취향이랄 게 별로 없었어. 누군가가 만들어놓은 공간에 필요 때문에 산 물건들과 함께 그냥 살았을 뿐이야. 하지만 이제는 달라. 가구나 가전은 물론이고 식기와 의자, 침구, 심지어 숟가락과 젓가락까지. 실내 조명에서부터 바닥재와 벽지, 창문과 커튼, 수도꼭지와 변기, 심지어 작은 버튼 하나까지 모두 내 취향이 반영된 것들로만 집을 채웠어.

내가 무엇을 좋아하고 싫어하는지 완벽하게 파악하는 데는 여행의 도움이 가장 컸어. 오랜 시간 여행을 하면서 보고 듣고 먹고 입은 것들을 통해 나의 '취향 지도'가 완성된 거야. 일본 교토에선 내가 차분하고 간결한 스타일에 끌린다는 걸, 태국 방콕에선 즉흥적이고 리드미컬한

# Rayavadee Resort, Krabi, Thailand

재즈음악에 관심이 크다는 걸 알게 됐지. 미국 LA와 하와이를 여행하면서 화이트 톤의 넓은 부엌과 실내 공간에 여유가 많은 자동차에 관심이 생겼고 인도를 여행할 땐 화려한 무늬의 타일에 눈을 떴어. 여행을 하면서 묵었던 수많은 호텔을 통해 나무의 질감이 살아 있는 가구와 커다란 갓이 달린 플로어 조명, 심플한 액자에 담긴 그림 한 점과 이국적인 무늬와 색감을 가진 양탄자가 공간을 얼마나 매력적으로 변신시키는지 배웠어.

여행을 하지 않았다면 아마 지금도 타인의 취향으로 꾸며진 공간에서 무색무취한 삶을 살고 있었을지도 몰라. 여행하느라 남들처럼 많은 돈을 벌거나 모으진 못했지만 덕분에 내가 사랑하는 것들로만 가득 채운 공간에서 살게 됐잖아. 돈이야 또 벌면 되지만 이 나이까지 내 취향도 모른 채 그저 그렇게 사는 건 생각만 해도 끔찍해. 세상에는 경험해보지 않으면 알 수 없는 것들이 너무나 많아. 특히 취향이 그래. 해봐야 하는 거야. 코로나를 겪고 보니 공간의 중요성을 더욱 절실하게 느껴. 여행에 미쳐 있을 땐 그렇게 집 밖으로 나가고 싶었는데 지금은 집에 있는 게 그렇게 좋을 수가 없어. 여행을 통해 수집한 내 최애들과 함께 살고 있으니까 집에만 있어도 여행을 하는 기분이야. 신의 한 수란 말은 이럴 때 써야 하는 건가봐. 인테리어 공사가 신의 한 수가 될 줄이야!

COMO Point Yamu, Phuket, Thailand

Pimalai Resort & Spa, krabi. Thailand

## 궂은 날의 플랜 B

여행을 가면 그렇게 비가 와. 멀쩡하던 하늘에 먹구름이 끼고 폭우가 쏟아지는 건 예삿일이야. 여행 내내 비만 보다 온 적도 한두 번이 아니야. 오키나와 여행도 그랬어. 에메랄드빛 바다를 기대하며 비가 많이 내리지 않는 계절을 일부러 골라서 떠났는데 5일 내내 하늘에 구멍이 뚫린 것처럼 비만 오더라고. 덕분에 여행자들은 보기 힘든 오키나와의 황톳빛 바다를 원없이 보고 왔어. 나름 유니크한 여행이었지.

홋카이도는 함박눈을 기대하고 떠나는 곳이잖아. 발이 푹푹 빠질 정도로 많은 눈이 쌓인 설국을 여행할 거라고 큰맘 먹고 두툼한 거위털 외투까지 샀는데 웬걸 눈은 내리지도 않고 날씨도 도무지 겨울 같지가 않았어. 얼어 죽지 않으려고 내복까지 껴입었더니 아주 그냥 사우나가 따로 없어. 영화 〈러브레터〉의 무대였던 오타루 운하에선 함박눈 내리는 밤 풍경을 찍고 싶었는데 하늘에 별이 총총한 게 맑아도 너무 맑은 거 있지?

얼마 전 떠났던 제주도에선 최악의 황사를 만났어. 스모그까지 더해져서 정말 한 치 앞도 보이지 않았어. 11년 만에 황사 위기 경보가 발령됐다나 뭐라나. 여행은 고사하고 숨 쉬기도 힘들었던 그야말로 최악의 여행이었어. 이쯤 되면 날씨 요정이라 할 만하지? 궂은 날씨 요정.

처음엔 화도 내고 심술도 부렸는데 다 부질없는 짓이지 뭐. 날씨 탓을 한다고 달라지는 건 없잖아. 클라이언트한테 "날씨가 안 좋아서 사진이 별로예요"라거나 "날씨가 안 좋아서 여행기가 재미없어요"라고 말할 순 없잖아.

어느 때부터인가 아예 흐리거나 비가 오는 날을 기본으로 생각하고 여행을 떠났어. 그런 날씨에 맞게 여행 일정을 짜고 사진 촬영 계획도 세웠어. 그러다 날씨가 좋으면 복권에라도 당첨된 것처럼 신이 나는 거야. 그렇게 생각을 바꾼 뒤로는 신기하게 맑은 날을 훨씬 많이 만났어. 가끔 흐리거나 비가 내려도 화가 나거나 심술을 부리지 않게 되더라고. 긍정의 힘을 그때 처음으로 느꼈어. 물론 기분 탓일 수도 있지만.

날씨가 여행의 전부는 아닌데 날씨가 별로면 여행도 별로라고 느껴지긴 해. 이왕이면 화창한 날씨 속에 여행을 즐기고 싶지 우중충한 날씨를 만나고 싶진 않잖아. 특히 해외 여행이라면. 그러니까 여행을 떠나기 전에 플랜 B를 세워봐. 내가 생각했던 날씨를 만나지 못했을 때 펼칠 새로운 여행 계획이야. 플랜 B가 없으면 대부분 멘붕에 빠져. 날

日本倉庫港運会社
れすとらん
小樽

Otaru, Hokkaido, Japan

Okinawa, Japan

Viti Levu, Fiji

씨 탓만 하다가 여행을 망치기 십상이야. 플랜 B가 있으면 당황하지 않아. 100%는 아니지만 90% 정도는 만족할 만한 여행을 할 수 있어. 5일 내내 폭우가 쏟아졌던 오키나와에서도 최악의 황사를 만났던 제주도에서도 나름 의미 있는 사진들을 찍어왔어. 내겐 플랜 B가 있었으니까.

**Okinawa 오키나와**

일본 열도의 가장 남쪽에 위치한 섬. 57개의 섬으로 이루어진 오키나와현에서 가장 큰 섬이며 오키나와현 인구의 90% 가까이가 살고 있다. 연중 온화한 기후를 보이며 에메랄드빛 바다와 새하얀 백사장으로 대표되는 아름다운 자연 덕분에 휴양지로 인기가 높다.

## 정반대의 계절, 리우데자네이루

너무나 가고 싶지만 선뜻 도전할 수 없는 여행이 있어? 나에겐 남미 여행이 그래. 오고 가는 데에만 3~4일이 걸리는 터라 적어도 2주 정도의 시간은 필요한데 직장인이 무슨 수로 2주나 휴가를 얻나. 언감생심 남미 여행은 꿈도 못 꾸고 살았는데. 어쩌다 보니 브라질로 떠나게 됐어.

정말 얼렁뚱땅, 번갯불에 콩 볶아 먹듯 떠난 브라질 여행은 시작부터 난관이었어. 예상에 없던 여행이라 쥐꼬리만 한 예산이 일단 문제였어. 인터넷을 뒤지고 뒤져 가장 저렴한 항공권을 구하긴 했는데 비행 일정이 살인적이야. 일단 인천공항에서 베이징으로 가야 해. 베이징에서 비로소 브라질 상파울루로 가는 비행기를 탈 수 있는데 직항은 아니고 스페인 마드리드를 경유하는 항공편이야. 미국을 경유해서 가는 항공편보다 가격은 절반이나 저렴하지만 비행 시간은 훨씬 길어. 비행기

Rio de janeiro, Brazil

오래 타는 건 정말 자신 있다며 호기롭게 선택했지만 막상 타보니 이건 정말 두 번 다시 하고 싶지 않은 비행이었지. 인천에서 상파울루까지 가는데 무려 36시간이 걸렸거든.

스페인 마드리드에서 출발한 비행기가 9시간 쯤 날았을까. 상파울루 국제공항 활주로에 육중한 기체가 사뿐히 내려앉는 순간, 승객들이 일제히 환호성을 지르며 "아베 마리아"를 외치는데 나도 너무나 기뻐서 함께 소리를 마구 지르게 되더라고. 드.디.어. 길고 길었던 비행이 끝이 난 거야.

그토록 갈망했던 남미에 왔다는 기쁨보다 어서 빨리 호텔로 가서 씻고 싶은 마음이 더 컸어. 그 때문인지 남미의 첫 인상이 무엇이었는지 기억이 잘 안 나. 계절도 우리와 반대인데다 시차도 12시간이나 나기 때문에 처음 며칠은 정말 비몽사몽이었어. 그렇게도 궁금했던 남미였는데 몸이 고달프니 좋은 줄도 모르겠더라고.

난생처음 겪는 12시간의 시차, 그리고 정반대의 계절. 여행에 제법 단련된 몸이라 생각했는데 그게 아니었어. 며칠 지나면 컨디션이 나아지겠지 했는데 점점 더 몸이 천근만근이 되더니 급기야 열이 나고 앓아눕는 지경이 되고 만 거야. 몸 상태가 엉망이니 여행이 제대로 될 리 있나. 상파울루는 보는 둥 마는 둥, 그저 호텔에 들어가서 자고 싶은 마음뿐이더라고.

그래도 절대 놓칠 수 없는 건 리우데자네이루였어. 사실 브라질로

온 이유이기도 해. 오래도록 브라질의 수도였던 곳. 이탈리아의 나폴리, 호주 시드니와 더불어 세계 3대 미항으로 손꼽힐 만큼 천혜의 자연을 가진 도시. 해 지는 코파카바나 해변에서 해산물 요리로 저녁을 먹으며 대서양의 낭만을 듬뿍 느끼고 싶었거든.

혼자 하는 여행은 너무나 위험해서 절대 안 된다는 여행자들의 말을 무시할 수 없어서 결국 한국인 가이드와 함께 당일치기로 리우데자네이루를 다녀왔어. 그러나 상파울루에서 차를 타고 무려 5시간이나 걸려 도착한 리우는 낭만을 즐길 만큼 호락호락한 곳이 아니었어. 브라질 내에서도 치안 상황이 좋지 않기로 악명 높은 도시라 마음껏 거리를 걷지도, 사람들을 만나 이야기를 나누기도 쉽지 않았어. 가이드가 어찌나 신신당부를 하고 조심을 시키는지 여행을 했다고 말하기가 어려울 지경이야. 자칫 강도를 만나거나 하면 몸이 상할 수 있다는 말에 결국 수긍할 수밖에 없었지만 여기까지 와서 마음껏 여행을 즐길 수 없다는 사실이 참 답답했어. 코파카바나 해변에서 즐기고 싶었던 해질녘의 낭만 따위는 참으로 한가한 소리였던 거지.

그래도 리우데자네이루의 상징인 코르코바도산의 예수상과 리우데자네이루의 미항을 한눈에 볼 수 있는 빵지아수깔, 4km에 달하는 대서양 해변인 코파카바나 해변은 보고 돌아와서 다행이야. 아주 짧은 시간. 수박 겉핥기식의 여행이었지만 오래도록 기억에 남을 만큼 리우데자네이루는 아름다웠어.

## Rio de janeiro, Brazil

딱 거기까지였다면 좋았을 텐데. 상파울루로 돌아오는 길, 으슥한 도로에서 정말 강도를 만나고 말았어. 지갑에 있던 돈을 몽땅 뺏겼는데 다치지 않은 게 천만다행이지. 그러고 나니 손이 벌벌 떨릴 정도로 정말 공포가 밀려오더라. 상파울루까지 무사히 갈 수 있을까. 천당과 지옥을 오가며 너무나도 스펙타클했던 하루였지. 여러모로 그렇게 리우데자네이루는 정말 잊을 수 없는 도시가 되어버렸네.

**Rio de janeiro 리우데자네이루**

브라질 리우데자네이루주의 주도. 1960년까지 브라질의 수도였다. 상파울루에 이어 브라질에서 두 번째로 큰 도시이며 아름다운 항구와 가파른 산지가 절묘하게 어우러져 세계 3대 미항으로 손꼽힌다. 두 팔을 벌리고 서 있는 거대한 예수상과 매년 봄에 열리는 리우 카니발로 유명하다.

## "여행하는 게 직업이야?"

"여행가? 여행하는 게 직업이야?"

미국 샌프란시스코 공항 입국 심사대에서 생각지도 못한 질문을 받았어. 입국 서류 직업란에 'Traveler'라고 쓴 것이 발단이었어. 불편하고 때로는 불쾌하기도 한 미국 입국심사를 여러 번 겪어봤지만 직업을 물어보는 경우는 없었는데 여행가가 맞냐고 정색하고 물어보니 순간 말문이 막히더라고.

"여행을 하고 돈을 버니 직업이 맞아."

"여행으로 돈을 어떻게 버는데?"

"사진을 찍고 글을 써서 잡지나 여행 관련 업체에 팔아."

"네가 그렇게 유명해?"

입국 심사장에서 왜 이런 질문을 주고 받아야하는지 도무지 이해할 수 없었지만 입국을 거절당할 수도 있으니 꾹 참고 대답을 했어. 하지만 네가 그렇게 유명하냐고 비꼴 때는 정말 한 대 쥐어박고 싶더라.

"어디로 갈 건데?"

"요세미티 국립공원을 여행할 거야."

"요세미티는 어떻게 알았어? 가봤어?"

"아니 가보진 않았는데 다큐멘터리에서 봤어. 좋더라고."

그 뒤로도 의도를 알 수 없는 질문이 계속 됐어. 10분째 이러고 있으니 슬슬 짜증이 밀려오더라고. 궁금해서 묻는 게 아니라 나를 골탕 먹이려고 이러나? 하는 생각까지 들더라니까. 한 마디도 지지 않고 계속 대답을 하니까 나중에는 영어를 어디서 배웠냐고 묻는 거야.

"초등학교 6년, 중학교 3년, 고등학교 3년, 대학교 4년. 총 16년을 배웠다. You know?"

벌써 10년이 지난 일인데도 이렇게 생생하게 기억하는 걸 보면 그 순간 굉장히 언짢았나봐. 자기 나라에 돈을 쓰러온 관광객이잖아. 정식 비자까지 받아서 온 관광객을 친절하게 대하지는 못할망정 이렇게 괴롭히면 쓰나. 나도 화가 나서 바득바득 대답을 하기는 했지만 지금 생각해보니 아찔해. 뭔가 수상하다고 조사실로 데리고 갔으면 어쩔 뻔했어.

"내가 두 번 다시 미국으로 여행을 오나 봐라. 흥칫뿡!" 그날 생각을 하면 정말 다시는 미국 여행을 하고 싶지 않았는데 그 뒤로도 몇 번이나 더 미국 여행을 떠났어. 다행히도 그 이후로는 묵묵부답, 미소천사

San Francisco, USA

San Francisco, USA

전략으로 입국심사를 잘 넘겼어. 영어를 모르는 척 입을 꾹 닫고 미소만 짓고 있으니 한국인 직원을 불러주더라고.

휴양지라 그런지 하와이는 입국 심사를 하는 직원들이 정말 친절했어. 우리를 보자마자 환하게 웃으며 "알로하~. 안녕하세요?" 하고 인사를 하기에 어찌나 놀랐는지. "여기 미국 맞아?" 소리가 절로 나오는 거 있지. 일본 입국 심사대 직원은 정말 무뚝뚝하고 무표정한데, 어느 날은 도장을 찍고 여권을 주면서 "하피 바쓰데이"라고 하는 거야. 그러고 보니 그날이 내 생일이더라고. 해외 여행에서 가장 처음 만나는 현지인이 입국 심사 직원인데. 조금만 더 친절하게 해주면 안 될까? 그 짧은 순간이 그 나라, 그 도시의 인상을 결정할 수도 있다는 걸 조금은 알아줬으면 해. 부탁이야.

**San Francisco 샌프란시스코**

금문교로 잘 알려진 미국 서부 캘리포니아주의 중심 도시. 실리콘 밸리가 자리하고 있는 첨단 IT 도시로도 유명하다. 3면이 바다로 둘러싸여 있는 아름다운 자연과 싱싱한 해산물로 만든 다양한 요리들이 매력 포인트. 언덕을 따라 느릿느릿 움직이는 케이블카는 샌프란시스코의 명물이다.

## 잃어버린 도시, 마추픽추

여행자라면 누구나 한 번쯤 꿈꾸었을 페루 여행. 페루로 가야 할 이유는 100가지도 넘지만 그중 단 하나만 꼽으라면 마추픽추를 선택할 수밖에 없어. 수백 년 동안 세상에 드러나지 않았던 비밀의 도시 마추픽추는 거짓말처럼 한순간 사라져버린 잉카제국의 숨결을 고스란히 간직하고 있지. 그 속에 숨겨진 비밀을 찾아 떠나는 여행은 역사에 크게 관심이 없는 사람에게도 흥분되는 일이야. 그래서 마추픽추만 보고 떠난 여행자는 있어도 마추픽추를 안 보고 간 페루 여행자는 없어.

20시간이 넘는 비행을 과연 견딜 수 있을까 하는 걱정에 고산병에 대한 두려움까지 더해져서 페루 여행을 결심하기까지는 상당한 시간이 걸렸어. 그래도 부딪혀보자고 용기를 낼 수 있었던 건 역시 마추픽추였어. 오랜 세월 가슴 속에 품어왔던 버킷리스트를 드디어 실현할 기회였으니까.

Cusco, Peru

페루까지 가는 여정만으로도 지쳐 쓰러질 지경인데 페루에 도착해 마추픽추로 가는 길은 더욱 험난해. 비행기를 타지 않으면 리마에서 쿠스코로 가는 데만 꼬박 하루가 걸리는데다 쿠스코에서 또 마추픽추까지 반나절을 기차나 버스로 가야 해. 그야말로 이동에만 며칠이 걸리는 대장정이야. 게다가 해발 2,000m가 넘는 고산지대라 자칫 고산병으로 내 몸이 내 몸이 아닌 경험을 하게 될지도 몰라. 힘들게 마추픽추를 찾아왔는데 고산병 증세가 심해서 되돌아가는 사람들도 적지 않거든.

다행히 고산병 증세가 없어도 문제는 남아 있어. 고산지대에 숨어 있는 마추픽추는 구름이나 안개에 휩싸여 있는 경우가 많아서 자연이 허락하지 않으면 눈앞에 두고도 볼 수가 없어. 마추픽추를 보는 것도, 마추픽추를 못 보는 것도 모두 하늘의 뜻이야. 그저 운이 좋기를 기도하는 수밖에 도리가 없어.

아슬아슬한 절벽 위를 위태롭게 달린 버스가 우리를 마추픽추 국립공원 입구에 내려놓으면 9부 능선을 넘은 거야. 이제 등산로를 따라 조금만 걸으면 돼. 가파른 계단을 올라 가쁜 숨을 몰아쉴 때쯤 정말 짠! 하고 마추픽추가 눈앞에 펼쳐져. 사진을 통해 또 영상을 통해 숱하게 봤던 바로 그 봉우리가 입체카드를 펼친 것 마냥 불쑥 눈앞으로 튀어나온 거지.

버스를 타고 산을 오를 때까지도 전혀 모습을 볼 수 없었던 마추픽

Belmond Hiram Bingham, Peru

Machu Picchu, Peru

추를 갑자기 마주한 사람들은 한동안 말을 잃어. 그토록 갈망했던 장면을 두 눈으로 직접 마주한 사람들은 눈물을 흘리며 그 자리에 주저앉기도 해. 그도 그럴 것이 현대의 건축 기술로도 만들기 어려웠을 도시가 생생하게 내 눈앞에 있잖아. 이렇게 높은 곳, 그것도 낭떠러지 좁은 길 위에 지렛대나 바퀴도 없이 수백 톤의 돌을 어떻게 옮겨서 도시를 만들었는지. 게다가 쌓아둔 돌을 보면 종이 한 장도 들어갈 틈이 없어. 땅 밑에는 수로도 완벽하게 갖추고 있어서 수백 년이 지난 지금까지도 무너지지 않고 원래 모습을 잘 유지하고 있어. 잉카인들이 외계인일지도 모른다는 말이 괜한 이야기가 아닌 거야.

그런데 말이야. 너무 기대를 많이 한 탓일까? 모두가 감동의 눈물을 흘리고 있을 때 난 무덤덤하게 마추픽추를 보고 있었어. 전율까지는 아니어도 가슴이 벅차오르는 감동은 있을 줄 알았는데 덤덤해도 너무 덤덤한 거야. 그토록 보고 싶었던 곳이고 버킷리스트라고까지 칭하면서 페루까지 날아왔는데 어쩜 이래. 아는 게 병이라더니 이미 너무 많은 정보가 머릿속에 있어서 그랬나봐. 맨날 보는 집 앞 풍경처럼 전혀 새롭지도 신기하지도 않더라고. 이미 아는 걸 두 눈으로 확인한 것 그 이상도 그 이하도 아니었지.

그 때문인지 페루 사람들도 감탄할 만큼 쾌청한 날씨 속에 마추픽추를 만났는데도 놀랍거나 행운으로 느껴지지 않았어. 오히려 날씨가 나빠서 마추픽추를 그때 못 봤다면 어땠을까 하는 말도 안 되는 상상을 하게 되더라. 그럼 지금도 여전히 마추픽추를 갈망하고 있을 테니까. 내가 짝사랑하던 사람이 갑자기 나를 좋아한다고 고백했을 때의 허무함 같은 거라고 하면 설명이 되려나? 첫사랑은 이루어지면 안 된다는 말의 뜻을 조금은 알 것도 같아. 아이고.

**Machu Picchu 마추픽추**

해발 2,430m. 안데스 산맥에 잉카인들이 건설한 고대도시. 1911년 미국인 고고학자 하이럼 빙엄이 발견하기 전까지 세상에 모습을 드러내지 않았기에 잃어버린 도시로 불린다. 잉카인들이 만들었다는 것 외에 무엇 때문에 어떤 방식으로 건설했고 누가 살았으며 왜 역사 속으로 사라졌는지는 여전히 수수께끼다.

## 사진 여행과 여행 사진은 다르다

보통은 여행을 가서 사진을 찍지만 때로는 사진을 찍으러 여행을 갈 때가 있어. 여행을 가서 찍은 사진도 '여행 사진'이고 사진 여행을 가서 찍은 사진도 '여행 사진'인데 사진을 보면 전혀 달라. 여행을 가서 찍은 '여행 사진'은 주로 여행의 기록이야. 무엇을 보고 무엇을 먹었는지 사진 속에 담겨 있어. 주인공은 나야. 나의 경험이 사진의 주제지.

하지만 사진 여행을 가서 찍은 '여행 사진'에는 여행지의 분위기나 역사, 문화 등을 드러내는 순간이나 장면, 사람들이 담겨 있어. 주인공은 내가 아니라 그곳에 살고 있는 사람이야. 그 사람들의 삶이 주제인 거지. 아예 접근부터가 달라.

사진을 찍을 만한 곳인지 아닌지가 여행지 선택의 주요 기준이야. 그래서 유명 관광지보단 현지인들의 삶을 자세히 들여다볼 수 있는 골목길이나 시장을 많이 다녀. 빛이 좋은 시간을 놓치지 않기 위해 해가

Kyoto, Japan

Hawaii, USA

뜨기 전에 호텔을 나와 밤늦게까지 촬영이 이어지는 경우도 많아. 밥을 거르는 건 예사이고 잠도 충분히 못 자. 여행이 아니라 노동이라 해도 과언이 아니지. 사진 여행은 그래서 좋은 사진을 찍을 수밖에 없어.

여행 내내 사진만 생각해. 무엇을 프레임에 담을 건지, 어떻게 하면 더 완벽하게 보여줄 수 있을지 고민하고 또 고민하며 한 장 한 장 신중하게 셔터를 눌러. 그렇게 아침부터 밤까지 2만 보 쯤 걷고 나면 메모리 카드에 최소 천 장 이상의 사진이 담겨 있어. 여행을 마치면 수 천 장의 사진을 얻게 되는 거지. 이렇게 많은 사진 속에서 멋진 사진 한 두 장을 발견하는 건 그리 어렵지 않아.

사진 실력이 늘지 않아 고민이라면 사진 여행을 강력 추천해. 사진 친구가 있다면 함께 가도 좋아. 같은 장소에서 촬영한 서로 다른 사진을 보면서 다양한 시각을 배울 수 있어. 약간의 경쟁 심리가 사진에 더 집중하도록 도와주기도 하고 말야. 사진은 다른 예술과 달리 도구를 특히 더 잘 다뤄야 하잖아. 카메라 기능을 완벽하게 익힌 뒤에야 비로소 내가 원하는 것을 찍을 수 있거든. 카메라와 친해지려면 결국 많이 찍어보는 수밖에 없어. 다양한 장면을 촬영하면서 카메라 기능이 몸에 익어야 해. 짧은 시간에 연습량을 크게 늘리고 싶다면 사진 여행만큼 좋은 건 없어. 어때? 사진 여행에 도전해볼래?

Macau, China

## 이방인에게 마음 연 피지 사람들

에메랄드빛 바다와 눈부신 태양, 시원한 파도 소리. 피지에 대해 내가 아는 것이라곤 이런 단편적인 정보와 단어들뿐이었어. 한국에서 10시간을 날아 다음 날 아침 피지공항에 도착할 때까지도 내 머릿속은 온통 남태평양의 아름다운 바다뿐이었거든.

뜨거운 태양과 눈부신 바다만을 그리며 피지로 날아왔는데 현실은 상상과 전혀 달랐어. 사흘 내내 비가 내리는 통에 에메랄드빛 바다도, 눈부신 하늘도 좀처럼 만날 수 없었어. 시커먼 하늘과 굵은 빗줄기가 며칠째 발목을 잡는 바람에 남태평양의 아름다운 섬나라로 여행을 떠나왔다는 사실을 도무지 실감할 수 없더라. 당혹스러웠고 당황했어. 머릿속에 그려두었던 남태평양의 아름다운 풍경을 지우고 새로운 이미지들을 떠올려야 했지만 이상하게도 전환이 잘 안 돼. 눈앞에 펼쳐진, 생각하지도 못한 이미지들을 어떻게 풀어내야 할지 막막하고 두려웠어.

어쩌면 그래서 피지의 속살을 만날 수 있었는지도 몰라. 누구나 생각하는 아름다운 바다 대신 누구도 상상하지 못한 피지 사람들의 리얼한 삶을 만났거든. 처음에는 쭈뼛거렸지. 이방인이 스스로 치는 결계였어. 먼저 다가가지 못하는 안타까움을 스스로 세운 장벽 뒤에 숨기려는 얄팍한 속임수. 하지만 그들은 먼저 내게 다가와줬어. 하늘에 닿을 듯 높이 쳐둔 장벽을 일시에 허물더니 내 가슴 깊숙이 그들이 걸어들어온 거야.

눈을 마주치면 먼저 인사를 건네. 가까이 다가가면 걸음을 멈추고 기꺼이 내 이야기를 들어주지. 그렇게 대화를 하다 보면 어느새 어깨를 걸고 노래를 부르거나 춤을 추게 돼. 영화 속에서나 나오는 그런 일이 내게도 일어나는 것이 어찌나 신기하던지.

혼란스러웠어. 낯선 이방인에게 이토록 쉽게 마음을 여는 그들이 두려웠어. 선심 쓰듯 모델이 되어주고 돈을 요구할 것이라 생각했지만 큰 착각이었어. 부끄럽고 미안하더라. 그들의 진심을 흑심으로 매도한 때 묻은 마음이 씁쓸하기도 했고. 무언가 머리를 세차게 한 대 얻어맞은 기분이었어. 그래서일까? 피지 사람들의 행복지수가 세계에서 가장 높대.

사심이 없다고 하지? 무엇도 바라지 않고 그저 마음을 내주는 사람들, 사람을 선의로 대하고 앞뒤를 재지 않는 사람들. 내 주변에선 정말 멸종된 것이 아닐까 싶었던 그 '사심 없는 사람들'이 피지에 모여 살고

**Viti Levu, Fiji**

Viti Levu, Fiji

있었어. 낯선 사람이 나에게 잘해주거나 친절하게 대하면 일단 의심부터 하고 보는 우리 삶이 얼마나 이상한지 피지에 와서야 깨닫게 됐어. 김치전이 맛있게 됐다고 옆집에 나눠주고, 버스 안에서 서 있는 사람의 가방을 앉은 사람이 들어주는 문화가 우리에게도 있었잖아. 희미하게라도 아직 기억 속에 남아 있는 그 마음들을 되찾았으면 좋겠어. 남이 주는 음료수 한 잔도 쉽게 마실 수 없는 시대에 사는 우리 아이들을 위해서라도.

**Fiji 피지**

남태평양 한 가운데. 330여 개의 섬으로 이루어진 나라. 가장 큰 비티레부와 바누아 레부 2개의 섬을 중심으로 작고 아름다운 섬들이 보석처럼 푸른 바다 곳곳에 흩어져 있다. 때묻지 않은 순수한 사람들이 사는 곳 그래서 세계 행복 지수는 1위. 여행자의 30% 이상이 다시 찾는 곳.

## 렌터카 여행의 맛

처음 제안을 받았을 땐 불가능하다고 생각했어. 3박 4일 동안 렌터카로 일본 규슈 지역을 둘러보는 것이었는데, 도무지 가능할 것 같지 않았거든. 외국에서 운전을 해본 경험이 한 번도 없는데다 우리와 도로교통체계가 반대인 일본은 더욱 어렵게 느껴졌기 때문이야.

그러고 보니 여행을 그렇게 다니면서도 외국에서 차를 빌려보겠다는 생각은 한 번도 해보지 않았어. 당연히 외국에선 걷거나 대중교통을 이용하면 된다고 생각했지, 내가 운전을 해서 이동하겠다는 생각 자체를 못 해봤던 거야. 사실 대중교통은 여러 가지로 불편한 점이 많아. 요금이 저렴하지도 않은데다 시간에 맞춰 움직여야 하니 여러 가지 제약이 생겨. 대중교통으로 갈 수 없는 곳은 아예 포기할 수밖에 없고.

이런 저런 생각을 하다 보니 이번 기회에 외국에서 운전을 해봐야겠다 싶더라고. 당장 경찰서로 달려가서 국제운전면허증을 발급 받았어.

Biei, Hokkaido, Japan

Biei, Hokkaido, Japan

Oahu, Hawaii, USA

신청서를 작성해 사진과 함께 제출하면 끝이야. 이제 극히 일부 국가를 제외한 세계 어느 곳에서든 1년 동안 운전을 할 수 있어.

첫 해외 운전이 하필 일본이라 사실 긴장이 되긴 했어. 운전석이 반대쪽에 있기 때문에 조작법부터 다르잖아. 왼쪽에 있는 깜빡이가 오른쪽에 있고 오른쪽에 있는 와이퍼 작동 스위치가 왼쪽에 있어. 어찌나 헷갈리던지 깜빡이 대신 와이퍼를 켜는 실수를 숱하게 반복했지 뭐. 우회전은 정말 조심해야 해. 오른쪽에 있는 중앙선을 넘지 않도록 반대편으로 잘 진입해야 하는데 자칫 역주행을 하기 십상이야.

그렇게 처음 몇 시간은 정말 엉금엉금 거의 기듯이 운전을 했지. 그래도 한두 시간 정도 지나니까 조금씩 익숙해지더라. 일본 운전자들이 교통법규를 잘 지키는데다 양보도 잘해줘서 그리 어렵지 않게 차를 몰고 여행을 할 수 있었어. 그러고 나니까 렌터카 덕분에 여행이 얼마나 달라지는지 알겠더라. 이건 완전히 새로운 세상이야. 내가 원하는 시간에 가장 빨리 그리고 정확하게 움직일 수 있는데 몸은 편해. 여행의 효율이 엄청나게 올라가더라고.

그러면서도 비용은 더 저렴해. 일본은 대중교통 요금이 워낙 비싸기 때문에 일행이 4명 이상이라면 무조건 렌트카가 싸. 오키나와나 홋카이도 같은 곳은 렌트카 여행이 필수인 여행지야. 차가 있어야만 둘러볼 수 있는 곳들 많기 때문에 대중교통으로는 한계가 많아.

렌트카 여행에 맛을 들인 뒤론 어지간하면 차를 빌려 여행을 하려고 해. 미국 하와이와 샌프란시스코, LA, 괌, 태국 방콕과 푸켓, 스위스와 독일 등 여러 나라를 렌트카로 여행하면서 워낙 만족했던 터라 주변 사람들에게도 적극 권해. 특히 유럽 같은 곳은 렌트카 여행 루트가 잘 짜여져 있기 때문에 충분히 도전해볼 만한 곳이야.

어지간한 글로벌 렌트카 업체들은 다 한국에 지사를 두고 있고 한글로 된 홈페이지를 통해 예약도 할 수 있으니 어려울 건 하나도 없어. 다만 예약을 할 땐 자차 보험을 꼭 들어야 해. 혹시나 사고가 나거나 누군가 주차해둔 차량을 파손했을 때 자차 보험이 있어야 처리할 수 있어. 아니면 엄청난 수리비를 배상해야 하니까 아깝다는 생각 말고 보험은 최고 사양으로 넣길 추천해.

**B i e i 비에이**

후라노와 함께 일본 홋카이도의 대표적인 관광지다. 아름다운 언덕이 여름에는 화려한 꽃들로 겨울에는 새하얀 눈으로 뒤덮이는 목가적인 풍경을 보기 위해 전 세계 사진가와 여행자들이 찾는다. 수많은 영화와 CF의 배경이 됐던 곳이다.

## 푸껫, 풀빌라의 오감 여행

특별한 여름휴가를 즐기고 싶어서 반얀트리 푸껫을 선택했어. 처음 경험한 풀빌라여서 그런 것도 있지만 시작부터 남달랐던 반얀트리 푸껫만의 세심한 서비스 덕분에 더욱 오래도록 기억에 남아.

문을 열고 룸으로 들어서자 세련된 아로마 오일 향기가 먼저 느껴졌어. 야간 비행의 피로마저 잊게 했던 기분 좋은 향기. 인간의 여러 감각 중에 가장 오래도록 기억되는 것이 후각이잖아. 그날 우리를 포근하게 감쌌던 그 향기는 10년이 훌쩍 지난 지금도 머릿속에 또렷하게 남아 있어. 어디에선가 똑같은 향기를 맡게 되면 곧장 그날 그 공간이 떠오르거든.

향기에 취해 이미 입이 반쯤 벌어진 우리들 앞에 이제는 음악 소리가 들려오기 시작해. 이건 또 뭐지? 들릴 듯 말 듯한 작은 소리인데 귀를 기울이고 들어보니 나도 모르게 마음이 차분해지고 몸은 나른해져.

우리의 정신을 몽롱하게 만들던 음악의 정체를 찾기 위해 주변을 두리번거리다가 커다란 창문을 발견했어. 커튼을 젖히니 수심이 꽤 깊어 보이는 넓은 수영장이 보여. 거울처럼 투명한 물 위에 햇살이 내려 앉아 반짝이는 모습을 보고 있으니 여기가 바로 천국인 것 같아.

방에 들어서는 순간 오감을 지배 당한 우리는 지금도 그날의 감동을 잊지 못하고 있어. 세련된 향기와 부드러운 음악, 시선을 고려한 동선까지. 일순간 완전히 다른 시공간에 들어선 기분이 들도록 만든 세심한 서비스 덕에 반얀트리 푸껫은 내 인생 최고의 풀빌라로 영원히 기억될 거야. 여러 감각이 함께 기억하는 여행이 그래. 시각뿐만 아니라 냄새와 소리, 촉각이 한꺼번에 동원돼 만들어진 이미지는 어떤 기억보다 단단하고 오래 가지. 그 후로 반얀트리 푸껫보다 훨씬 비싸고 고급스러운 풀빌라들을 많이 경험했지만 지금도 최고의 풀빌라를 꼽으라면 반얀트리 푸껫이 가장 먼저 떠올라.

여행을 하면서 새삼 감각의 소중함을 느껴. 평소에는 늘 이성을 앞세우고 살지만 여행에서는 이성이 잘 통하지 않아. 오히려 투박하고 못미더워도 내 감각이 정확할 때가 많지. 오감을 자극하는 서비스는 그래서 영리한 전략이야. 요즘 들어 그런 전략을 구사하는 호텔이 많아지고 있는 건 반가운 일이야. 머리가 아니라 몸이 기억하는 공간이 더 많아졌으면 좋겠어.

## Phuket 푸껫

태국 남부 끝자락에 위치한 푸껫은 전 세계 사람들로부터 사랑받는 사계절 휴양지다. 태국에서 가장 큰 섬으로, 서해안으로 따라 에메랄드빛 바다가 60km나 이어져 동남에서도 손꼽히는 수려한 풍경을 자랑한다. 세계적인 호텔 체인들이 운영하는 럭셔리한 풀빌라들이 많아서 신혼여행지로도 각광받는 곳이다.

## 꿈, 잃지 않으면 얻을 수 없는

나는 세상에서 가장 멋진 직업이 파일럿이라고 생각해. 공항에서 제복 입은 파일럿을 볼 때면 지금도 가슴이 떨려. 거대한 비행기를 조종해 하늘 높이 날아오르는 것도 멋있지만, 세계 곳곳을 다니며 다양한 경험을 해볼 수 있다는 게 매력적이야. 어릴 때부터 워낙 비행기를 좋아한데다 여행하는 삶을 꿈꿨으니 이보다 더 좋은 직업이 어디 있겠어.

그렇게 좋아하고 동경했지만 정작 파일럿이 되겠다고 생각하진 못했어. 지레 겁을 먹고 포기한 거지. 눈이 나빠서 안 되고, 문과라서 안 되고, 이래서 안 되고 저래서 안 되고. 안 되는 이유만 계속 찾다보니 정말 안 되는 거더라고.

하고 싶은 건 많았지만 도전 한 번 못해보고 포기했던 수많은 꿈들을 뒤로하고 떠밀리듯 취직을 한 뒤에야 내가 원하는 삶이 이런 모습은 아니라는 걸 희미하게 깨달았어. 뒤늦게 찾아온 사춘기랄까. 중고등

Krabi, Thailand

Bangkok, Thailand

Busan, Korea

학교 때 했어야 할 고민을 서른이 다 되어서야 시작된 거야. 나는 왜 이 회사를 다니고 있는 건지, 나는 왜 이 직업을 선택한 건지. 무엇 하나도 제대로 답을 할 수 없다는 사실에 큰 충격을 받았어. 누구보다 열심히 살아왔고 졸업을 하기도 전에 번듯한 회사에 취직까지 했는데 즐겁지도 행복하지도 않았어.

그때라도 회사를 박차고 나와 파일럿의 꿈을 향해 달렸더라면 지금쯤은 기장이 되어 전 세계 하늘을 누비고 있을지도 모르지. 마음은 그러라고 수없이 소리쳤는데 끝내 용기를 내지 못했어. 나도 모르게 자꾸만 안 되는 이유를 찾고 있더라고. 모험을 즐기기보다 안정을 택하며 살아온 관성이 나를 끝까지 짓누른 거야.

시간을 되돌릴 수 있다면 나는 무조건 파일럿이 될 거야. 앞뒤 재지 않고 파일럿이 되기 위해 내 모든 것을 던질 각오가 되어 있어. 후회를 하더라도 파일럿이 되고 나서 할 거야. 물론 안 될 수도 있겠지. 그래도 상관없어. 그렇게 사는 것이 정말 행복한 삶이라는 걸 이제는 아니까.

내가 이렇게까지 여행에 집착하는 건 파일럿이 되지 못한 것에 대한 자책일지도 몰라. 이것만큼은 포기할 수 없다는 절박함일지도 모르고. 중요한 건 아직도 내 꿈은 진행형이라는 것. 그 꿈을 향해 여전히 나아가고 있다는 거야. 혹 아직 어린 친구들이 이 글을 본다면 꼭 말해주고 싶어. 포기하지 말라고. 일단 부딪혀보라고. 아무것도 잃지 않으면 아무것도 얻을 수 없다고.

## 여행에서 차려입을 때

여행을 하다 보면 한 끼 정도는 근사한 레스토랑에서 식사를 하고 싶어. 뉴욕이나 파리, 방콕 같은 미식의 도시라면 무조건! 무려 63층 높이의 건물 꼭대기에 영화에서나 볼법한 황금돔이 우뚝 서 있는 방콕 르부아호텔의 '시로코'도 그중 하나야. 방콕에서 묵었던 호텔 컨시어지가 알려준 곳인데, 멋지게 차려입은 사람들이 화려한 조명이 켜진 바에서 방콕 야경을 내려다보며 식사를 하는 장면이 너무나 근사해 보이더라고.

당장 가보자 싶어서 컨시어지에게 예약을 부탁했는데 드레스 코드가 있다는 거야. 대단한 건 아니고 반바지나 슬리퍼 착용만 안 하면 된다는데 아뿔싸 긴바지가 없네. 무더운 방콕으로 여행을 오면서 누가 긴바지를 가져와. 그러고 찾아보니 고급 레스토랑들은 대부분 드레스 코드가 있더라고. 심한 곳은 정장 차림만 고수하는 곳도 있는데 처음

Bangkok, Thailand

Bangkok, Thailand

Hong Kong

에는 이해가 잘 안 됐어. 복장을 갖춰야만 밥을 먹을 수 있다는 게 이상했거든.

그도 그럴 것이 한국에는 그런 문화가 거의 없잖아. 특정한 옷차림을 요구하는 레스토랑이 없지는 않지만 극히 드물어. 우리 정서로는 드레스 코드가 있다 하더라도 그걸 어긴 손님을 거절하기가 쉽지 않아. 그런 이유 때문인지 정말 아무렇게나 입고 오는 손님들이 많아. 동네 마실 나오듯 슬리퍼에 트레이닝복을 입고 호텔 레스토랑에 앉아 있는 사람을 숱하게 만났어.

때와 장소에 맞게 옷을 입으라고 하잖아. 그 말 속엔 옷이 가진 사회적 의미가 담겨 있어. 예의를 갖추라는 거지. 상대에 대한 예의와 장소에 대한 예의를 말이야. 나도 처음엔 꼰대 같은 소리라고 생각했는데 정말 아무렇게나 옷을 입고 다니는 사람들을 보면서 생각이 바뀌었어. 잠옷을 입고 호텔 조식 레스토랑으로 온다거나, 목욕 가운을 입고 호텔 복도를 돌아다닌다거나, 객실용 슬리퍼를 신고 호텔 밖으로 나온다거나 하는 무신경한 사람들을 보고 나니까, 한때 아래위로 형광색 등산복을 입고 방콕 도심을 활보했던 내 모습이 너무나 부끄러워서 쥐구멍에라도 숨고 싶어서 혼났어.

그러고 보니 공항에서 만난 외국인들의 가방이 왜 그렇게 크고 무거운지 조금은 알겠더라. 아무리 짧은 여행이라도 상황에 맞는 옷들을 다 가지고 여행을 오는 거더라고. 레스토랑에서 입을 정장과 바에서 입을 원피스, 그에 맞는 구두와 액세서리까지 몽땅. 그렇게까지 할 자신은 없지만 그 후론 나도 긴바지와 로퍼, 재킷 하나씩은 꼭 챙겨서 여행을 떠나. 최소한 예의를 지켜야 할 때와 그렇지 않아도 될 때를 구분할 수는 있어야 하니까 말야.

## 교토의 장어덮밥, 즐거운 기다림

좁은 가게 안에 자리는 15개뿐. 서둘러 예약을 하지 않으면 출입조차 쉽지 않아. 교토 기온의 좁은 골목 틈새에 위치한 '카네쇼'는 150년 전통의 장어덮밥 '킨시동' 전문점이야. 교토 여행자라면 누구나 가보고 싶어 하는 식당이지만 원한다고 다 먹을 수 있는 곳은 아니야. 여행 날짜에 맞춰서 서둘러 예약을 하거나 방문 당일에 일찌감치 줄을 서는 수밖에 없어.

힘겹게 예약을 하고 가게로 들어가더라도 장어덮밥을 먹기까지 상당히 긴 시간이 필요해. 손님들이 자리에 앉으면 그때서야 주인장이 장어 손질을 시작하고 불을 피워. 그게 벌써 30분이야. 손질이 끝난 장어를 불 위에서 정성스럽게 굽고 밥을 짓는데 또 30분이 걸려. 장어덮밥 한 그릇을 먹는데 최소한 한 시간은 기다려야 해. 그렇지만 아무도 불평을 하거나 재촉하지 않아. 두 남자가 정성스럽게 음식을 만드는 모습을 구경하느라 지루할 틈이 없거든. 마치 한 편의 연극을 보듯, 장어덮밥이 어떻게 만들어지는지 보고 있으면 정말 시간이 어떻게 흘러가는지도 모르게 지나가버려.

처음엔 말도 안 되는 시스템이라고 생각했어. 미리 준비를 해두었다가 밥 위에 얹어주기만 하면 되는 덮밥을 한 시간이나 걸려 만드는 게 제정신인가 싶더라고. 그도 그럴 것이 한 번에 겨우 15명밖에 받을 수 없는 작은 가게에서 음식 만드는데 한 시간, 손님들이 밥을 먹는데 또 한 시간을 쓰면 회전율이 너무 떨어질 수밖에 없잖아. 실제로 이곳은 점심과 저녁 각각 두 번씩만 손님을 받아. 총 네 번 60명이 하루 정원이야. 회전율을 높이면 더 많은 손님을 받을 수 있는데 굳이 이렇게 하는 이유를 장어덮밥을 먹기 전까지는 도무지 이해하지 못했어.

하지만 갓 지은 밥에 숯불로 구워낸 장어를 올리고 달걀지단을 수북하게 얹은 장어덮밥을 한 입 먹고 나면 왜 이렇게 할 수밖에 없는지 곧바로 이해가 돼. 대대로 내려오는 가업을 소중하게 여기고 그런 노력을 사회가 인정해주는 일본의 시니세 문화를 온몸으로 느끼게 하는 벅찬 맛이거든. 맛도 맛이지만 음식에 담긴 정성과 노력이 더 감동적이잖아. 장어덮밥 한 그릇에 이토록 행복해질 줄이야. "연극 한 편 잘 먹었습니다."

わび助

かね正

Kyoto, Japan

## 태초의 힘, 빅아일랜드 활화산

용암이 뒤덮어버린 황량한 대지와 우뚝 솟은 산, 그리고 바다. 하와이 빅아일랜드의 풍경은 조금 전까지 머물렀던 오아후와 전혀 달랐어. 모든 것이 사라져버린 죽음의 땅, 그 속에서 꿈틀거리고 있는 뜨거운 생명력. 빅아일랜드의 첫 인상은 그토록 강력하고 또 강렬했어.

빅아일랜드는 하와이의 여러 섬들 중에서 가장 늦게 만들어졌지만 면적은 가장 넓어. 최근까지도 활발하게 화산 활동을 했던, 그리고 지금도 용암이 부글부글 끓고 있는 활화산을 품고 있어서 과학책에서나 보던 다양한 화산 지질을 만날 수 있는 곳이야.

빅 아일랜드 화산국립공원에 있는 할레마우마우 분화구는 1983년부터 30년 넘게 활발하게 활동하고 있는 말 그대로 활화산이야. 내 눈앞에서 연신 뜨거운 연기가 솟아오르고 붉은 용암이 끓어오르는 모습을 보고 있으면, 말로 설명할 수 없는 원초적인 힘에 이끌리는 느낌이 들어. 사람의 손길이 함부로 미치지 못하는 곳. 하와이 사람들이 화산을 신성시하는 이유를 알 것도 같아.

우리나라에도 화산섬인 제주도가 있잖아. 그래서인지 빅아일랜드가 낯설지는 않았어. 하지만 스케일이 워낙 커서 분위기는 전혀 달라. 섬이라기보다 외계 행성에 온 듯한 기분이랄까. 아마도 여행 내내 온 몸으로 느꼈던 적막감 때문일 거야. 바람 소리조차 들리지 않는 완벽한 적막. 지금껏 살면서 이토록 완벽한 적막감은 경험하지 못했어. 지구가 아닌 것 같은, 생명이라곤 조금도 느껴지지 않는 차디찬 적막. 그래서 나 혼자 외계 행성에 떨어진 것만 같은 당황스러움에 한동안 발을 땅에서 뗄 수가 없었어.

저 깊은 땅 속에서 솟아오른 기운이 지각을 뚫고, 대지 위를 흐르고, 끝내 바다로 스며들던 모습이 고스란히 남아 있어. 땅 위에 새겨진 용암의 꿈틀거림이 지금도 느껴질 만큼 생생해. 도무지 가늠할 수 없는 자연의 힘, 나에겐 경외의 눈으로 바라볼 힘밖에 없었지.

당일치기 여행이었지만 너무나 강렬한 인상을 남긴 빅아일랜드 때문에라도 다시 하와이에 가고 싶어. 태초의 힘을 따라 시간 여행을 하며 그동안 전혀 생각해보지 못했던 우주의 기원을 탐구해보고 싶어.

Big Island, Hawaii, USA

## Big Island 빅아일랜드

하와이 제도에서 가장 큰 섬. 실제 이름은 하와이섬인데 하와이 제도 8개 섬을 모두 합친 것보다 넓어서 '빅아일랜드'로 불린다. 지금도 킬라우에아산의 화산 활동이 계속 되고 있으며 분화로 인한 지형 변화를 관찰할 수 있다. 세계 3대 프리미엄 커피에 속하는 코나 커피가 재배되는 곳이기도 하다.

## 여행, 푼돈에 예민해질 때

한국에서는 한여름인 7월과 8월, 태국은 비가 많이 내리는 우기야. 그렇지 않아도 무더운 날씨에  습도까지 더해져서 정말 한증막이 따로 없어. 이런 날에 거리를 걸었다간 100m도 채 못 걷고 바닥에 주저앉게 돼. 숨이 턱턱 막히는데다 땀이 비오듯 쏟아지거든.

방콕 도심에 있는 바이욕 스카이 호텔 전망대를 둘러보고 나올 때도 그랬어. 84층 309m 높이의 전망대에서 방콕 도심을 내려다볼 땐 시원한 바람에 더운 줄도 몰랐는데, 1층으로 내려와 건물 밖으로 나오니 습하고 더운 공기가 훅 하고 폐로 들어와 순간 머리가 핑 도는 느낌이었어.

고가 전철인 BTS를 타기 위해 가까운 역까지 이동해야 하는데 거리가 좀 애매했어. 택시를 타기엔 너무 가깝고 걷기엔 좀 멀어. 평소 같으면 걸어서 갔겠지만 그날은 도무지 걸을 날씨가 아니기에 택시를 잡아서 탔지. 시원한 에어컨 바람에 잠시나마 땀을 식히려고 했더니 웬

걸. 에어컨은 꺼져 있고 창문을 열어놓은 거야. 말할 힘도 없어서 가까운 BTS 역으로 가자고 하곤 미터기를 눌러달라고 했는데 택시기사가 자꾸만 흥정을 하려고 해. 500m도 안 되는 거리에 100바트를 달래. 기본 요금인 35바트로 충분히 갈 수 있는 거리를 무려 3배나 더 달라는 거야.

"미터기 눌러줘."

"100바트."

"미터기 눌러달라고."

"아니 100바트 줘야 해."

100바트면 우리 돈으로 3,500 원 정도야. 그냥 줘도 되는 돈인데 그날따라 이상하게 억울하고 화가 나더라고. 몇 번 실랑이가 오고가다 택시 문을 박차고 내렸지. 방콕 택시들은 대체로 미터기로 요금을 받지만 주말이거나 외곽으로 갈 때, 외국인인 경우 이렇게 택시 요금을 흥정하려는 경우가 가끔 있어. 그럴 땐 적당히 타협을 하면 되는데 이렇게 대놓고 바가지를 씌우려고 할 때는 조용히 내려서 다른 택시를 타는 것이 좋아. 외국에서 괜히 시비가 붙어 좋을 건 없잖아.

호기롭게 택시에서 내리긴 했는데 그때부터 택시가 한 대도 보이지 않는 거야. BTS 역 방향으로 걸으면서 계속 택시를 잡으려 했는데 실패했지. 결국 역에 걸어서 도착하고 말았어. 얼굴은 시뻘겋게 익었고 온몸은 땀으로 범벅이 된 채 말이야. 그깟 3천 원 때문에.

99FASHION
NINETY NINE
OPEN
24
BURGER KING
ATM
Buddy

Bangkok, Thailand

여행을 하다 보면 그래. 값비싼 레스토랑은 고민 없이 가면서 이렇게 푼돈에 예민해질 때가 있어. 큰돈이든 적은 돈이든 합당한 이유가 있어야 지불하는 것이 맞지만, 지나고 생각해보면 후회가 되기도 해. 그냥 3천 원 주고 택시를 탔으면 힘도 덜 들고 시간도 아꼈을 텐데. 괜한 오기에 몸이 고생이야. 으이구.

## 티티카카 호수의 갈대로 만든 섬

호수라고 말해주지 않았으면 바다인 줄 알았을 거야. 배를 타고 한 시간을 넘게 이동했는데도 끝이 보이지 않아. 망망대해라 해도 믿을 수밖에 없는 크기. 더 놀라운 건 높이야. '하늘 아래 첫 호수'라는 별명처럼, 일반인들은 평생 올라가볼 일이 없을 높은 곳에 이토록 광활한 호수가 자리하고 있어. 페루의 티티카카 호수 이야기야.

페루와 볼리비아의 국경지대에 있는 티티카카 호수는 면적이 8,135 $km^2$로 제주도의 4배가 넘어. 높이는 무려 3,810m. 해발고도 1,947m인 한라산의 두 배야. 어지간한 사람은 오르지도 못할 높은 곳에 이렇게 넓은 담수호가 있다는 사실이 처음에는 믿어지지 않았어. 하지만 직접 티티카카 호수 앞에 서보니 하늘 아래 첫 호수의 존재가 너무나도 크게 다가왔어. 내가 아는 세상은 여전히 한 줌 모래에 불과하다는 걸 이렇게 또 깨달아.

Titicaca, Puno, Peru

Titicaca, Puno, Peru

하늘과 맞닿은 호수. 그 사이에 두둥실 떠 있는 뭉게구름이 비현실적으로 느껴져. 워낙 고지대라 그런지 구름이 모두 발 아래에 있는 기분이야. 푸른 하늘을 담고 있는 물은 어찌나 투명하던지. 잔잔하게 일렁이는 물결을 보며 하루 종일 '물멍'을 하고 있어도 전혀 지루할 것 같지 않아.

더 흥미로운 건 이렇게 넓은 호수에 인공섬을 만들어 사는 사람들이 있다는 사실이야. 우로스족이지. 그들이 왜 육지를 떠나 호수에서 살게 됐는지는 명확하지 않지만 주변 부족의 잦은 침입을 피해 호수에 정착했다는 설이 유력해. 인공섬은 수심이 얕은 곳에 사는 갈대 '토토라'로 만드는데 갈대가 머금은 공기 덕분에 물 위에 떠 있을 수 있어. 그 많은 갈대를 일일이 손으로 자르고 엮어서 집을 지을 만큼의 넓은 섬을 만든다는 것이 내 눈에는 그저 놀랍고 신기했어. 습기를 머금은 매서운 추위가 닥치는 겨울에는 도무지 사람이 살 수 없을 것처럼 보였는데 우르스족은 맨발로 겨울을 난다고 하니 도무지 한계가 없는 사람들인 것 같아.

푸노의 항구에서 배를 타고 30여 분쯤 들어가면 호수 위에 둥둥 떠 있는 우로스섬을 만날 수 있어. 그중 한 섬에 배를 대고 섬 위로 직접 올라가 보았는데 푹신한 듯하면서도 제법 단단함이 느껴져. 가로와 세로가 각각 10m쯤 되어 보이는 인공섬 위에 갈대로 다시 집을 지었는데 부엌과 안방, 화장실 등 각각의 용도가 따로 정해져 있어. 하나의 섬에 적게는 10여 명, 많게는 20명이 넘는 가족이 모여 살면서 주로 고기를 잡거나 직접 만든 기념품을 관광객들에게 팔아서 살아가.

전통의상을 입고 우리를 격하게 반겨주었던 우로스족 사람들은 꽤 긴 시간 동안 우리들에게 인공섬을 만드는 방법과 그들의 살아가는 방식을 설명해주었어. 집도 구석구석 구경시켜주고 사진 모델로 변신도 하고. 그때까지는 화기애애 분위기가 참 좋았는데, 떠날 시간이 되니 본격적으로 물건을 팔기 시작하더라고. 강권까지는 아니지만 약간은 마음을 불편하게 하는 통에  살짝 기분이 상하기도 했어. 그래도 어쩌겠어. 세상과 떨어져서 이렇게 살아가는 그들에겐 이것이 생계인 것을. 세상에 공짜는 없으니까.

**Puno 푸노**

---

해발 3,850m의 고산지대에 위치한 페루 남동부의 도시. 티티카카 호수 서쪽에 위치하고 있으며 스페인 정복 후에 건설된 도시라 아직도 스페인 관련 유적들이 많이 남아 있다. 세계에서 가장 높은 지역을 달리는 페루 남부 철도의 출발지이기도 하다.

# 한국보다 맛있는 LA의 한국 음식

외국을 여행할 땐 가급적 현지 음식을 먹어보려고 노력해. 외국 음식을 잘 먹는 편은 아니지만 그렇다고 한국 음식만 꼭 먹어야 하는 식성도 아니라서 음식에 관해서는 마음을 열어두는 편이야. 당연히 외국에서 한국식당을 갈 일은 거의 없어. 정말 밥을 먹을 때가 없거나 몸이 아플 땐 어쩔 수 없이 가기도 하지만 그 외의 경우라면 한국 음식은 최대한 피하려고 해.

한인들이 많이 사는 LA에선 특히나 한국 음식을 먹지 않으려고 했어. 왠지 한인타운에 가서 한국 음식을 계속 먹을 것 같은 불길한 예감이 여행을 떠나기 전부터 들더라고. 미국이라는 나라가 사실 스테이크나 햄버거 외에 딱히 먹을 만한 음식이 없잖아. 그렇다고 매 끼니마다 스테이크나 햄버거를 먹을 수도 없고. 늦은 시간까지 밥을 먹을 수 있는 곳도 한식당 밖에 없어. 여행을 하다 보면 어쩔 수 없이 한식당을

Los Angeles, USA

Los Angeles, USA

찾게 될 거라 생각했는데. 아니나 다를까 자꾸만 한식당을 가게 되더라고.

사실 갈 데가 없다는 건 핑계고. 이유는 맛이야. 몇몇 식당은 정말 한국보다 훨씬 맛이 좋았어. 노릇노릇 잘 구워낸 LA 갈비와 함께 먹었던 순두부는 지금 생각해도 입안 가득 군침이 돌아. 밥도 푸슬푸슬 날리는 동남아 쌀이 아니라 찰기가 있는 한국 쌀로 지었고. 외국에서 어떻게 한국보다 더 한국적인 맛을 만들어내는지 순두부를 먹는 내내 궁금하고 신기했어. 같이 갔던 일행들도 나와 같은 생각이었는지 LA에서 10일 정도 머무는 동안 순두부만 서너 번은 먹었다니까.

미국산 쇠고기를 한국식으로 구워주는 고깃집도 기억에 남아. 스테이크를 만들어야 할 것 같은 쇠고기를 숯불에 올려 구워주는데 풍미가 예술이야. 두툼한 고기 한 점을 입에 넣으면 부드러운 살점 사이로 육즙이 터져나오면서 고소한 맛이 혀 위에서 춤을 춰. 배가 터지도록 질 좋은 쇠고기를 먹어도 가격은 한국과 비슷하거나 싸기 때문에 여행 내내 "또 갈까?"라며 일행들에게 묻게 돼.

LA에선 한국식 회도 먹을 수 있어. 동그란 접시에 무채를 깔고 그 위에 두툼하게 썬 회를 부채모양으로 펼쳐서 내놓는 한국식 회를 말이야. 함께 주는 밑반찬도 완전 한국 스타일이야. 각종 쌈채소에 김치, 나물, 샐러드, 심지어 콘치즈와 돈까스까지. 내가 지금 한국 횟집에 앉아 있나 싶을 정도야. 회를 다 먹고 나면 얼큰한 매운탕까지 끓여주는데 이것도 한국보다 맛있어.

그렇게 한국 음식을 계속 먹다 보니 나중에는 내가 미국에 와 있다는 사실조차 가물가물해지더라. 이래서 외국에 오면 한국 음식을 안 먹었던 건데. LA는 도무지 참을 수가 없어. 맛도 맛이지만 한식당은 팁을 따로 받지 않는 곳들도 많아서 미국 레스토랑보다 몇 푼이라도 더 저렴하게 밥을 먹을 수 있는 장점도 있으니 마다할 이유가 없어. 그러니까 LA를 여행한다면 망설이지 말고 한인타운으로 가. 새로운 한식의 세계를 경험하게 될 거야.

**Los Angeles 로스앤젤레스**

미국 서부 캘리포니아주 남부에 위치한 도시로 우리에게는 박찬호와 류현진이 몸담았던 LA다저스로 잘 알려진 곳이다. 미국에선 뉴욕에 이어 두 번째로 인구가 많은 도시이자 할리우드와 아카데미 시상식으로 대표되는 영화의 도시로도 유명하다. 태평양을 끼고 있어서 도심과 바다를 함께 즐길 수 있고 연중 따뜻하고 쾌적한 날씨로 여행을 하기에 좋은 도시다.

## 상상이 현실이 되는 도시, 두바이

석유, 전쟁, 사막. 한국 사람들이 중동에 대해 아는 것이라곤 이 정도겠지. 우리가 사용하는 에너지의 상당수를 중동의 나라로부터 들여오지만 왠지 우리와는 상관이 없는 먼 나라처럼 느껴지니까. 심리적으로는 아프리카나 남미보다 더 멀게 느껴지는 곳이 바로 중동이야. 그래서 여행을 좀 해봤다는 사람들 사이에서도 중동 여행은 귀한 경험으로 여겨져.

중동의 여러 산유국 중 하나인 아랍에미리트를 아는 사람은 거의 없었어. 페르시안만의 작은 어촌 마을이었던 두바이가 세계적인 관광도시로 거듭나기 전까지는 말야. 두바이공항에서 택시를 타고 시내 중심가로 들어가면서 느낀 두바이의 첫 인상은 정말 놀라웠어. 사막 한가운데에 있는 도시가 맞나 싶을 만큼 녹지가 잘 조성되어 있었기 때문이야. 하늘 높이 솟은 마천루는 홍콩이나 뉴욕을 연상시키기에 충분해.

Abudabi, UAE

초대형 쇼핑센터에는 실내 스키장까지 마련되어 있어. 적어도 두바이에 우리가 알던 중동은 없어.

이름조차 낯설었던 아랍에미리트가 단기간에 중동의 중심으로 떠오를 수 있었던 원동력은 단 하나. 그들의 지칠 줄 모르는 상상력이야. 누구도 꿈꾸지 않았던, 누구도 시도하지 않았던 일들을 추진하고 성공시킴으로써 세계의 이목을 끌고 투자를 이끌어낸 거지.

두바이 앞에 붙는 수식어 가운데 가장 흔한 것이 세계 최대, 최고, 최초야. 세계 최대의 인공섬, 세계 최고의 빌딩, 세계 최초의 사막 실내 스키장 등 그들이 만들어내는 모든 것 앞에 이런 수식어가 붙어. 세계의 부자들이 두바이에 땅을 사고 유명 배우와 운동선수들이 두바이 프로젝트에 이름을 올리기 시작하면서 세계가 두바이를 주목하기 시작했어. 그리곤 엄청난 추진력으로 모두가 불가능하다고 생각했던 프로젝트들을 완성시켜나갔어.

더욱 놀라운 것은 생각까지 바꾸었다는 점이야. 종교적으로 제약이 많은 중동사회의 한계를 뛰어 넘기 위해, 그들은 이슬람 전통마저 과감하게 벗어던지는 도전을 서슴지 않았어. 이슬람에서 엄격히 금지되는 돼지고기와 술을 호텔 등지에서 관광객에게 판매하는 것이 대표적인 예야. 두바이에선 히잡을 벗어던진 여성들도 심심찮게 만날 수 있지.

덕분에 두바이는 이제 석유에 기대지 않고도 생존할 수 있는 기반을 마련했어. 아직 오지 않은 미래에 대비해 일찌감치 산업구조를 바꾸어

Dubai, UAE

놓는 거지. 생각조차 쉽지 않은 일이기에 모두가 두바이를 향해 사막의 기적이라고 외치는 거야.

두바이를 여행하는 내내 내 머리에서 떠나지 않았던 질문이 있었어. “내 상상력의 크기는 어느 정도일까?” “내 상상력의 한계는 어디까지일까?” 상상이 현실이 되는 도시 두바이에 불가능은 없어. 상상력 부재의 삶은 살아온 나에게 두바이의 상상력은 지금까지도 큰 자극이 되고 있어.

**D u b a i 두바이**

아랍에미레이트 연방을 구성하는 7개 나라 가운데 하나. 고온 건조한 사막기후로 뜨거운 모래바람이 부는 황무지이지만 막대한 오일달러와 놀라운 상상력을 앞세워 사막의 기적을 일구어낸 도시다. 세계 최고 수준의 호텔과 워터 파크, 쇼핑몰, 아쿠아리움 등 놀거리와 즐길거리가 많고 자동차를 타고 사막을 질주하는 사막 사파리도 놓칠 수 없다.

## 온몸으로 느낀 풍경, 호주 케언즈

졸린 눈을 비비며 겨우 일어나 승합차에 올랐어. 지금 시간은 새벽 4시. 열기구를 타기 위해 꼭두새벽부터 일어나 어두운 밤길을 달리고 있어. 호주 북동쪽에 위치한 작은 해안 마을 케언즈는 2,000km에 달하는 거대한 산호초군락인 '그레이트 베리어 리프'와 1억 2천만 년 전부터 존재한 열대우림으로 유명한 곳이야. 워낙 자연환경이 좋아서 액티비티 프로그램도 다양해. 스노클링, 래프팅, 스카이다이빙, 헬기 투어 등등 세상의 액티비티란 액티비티는 모두 즐길 수 있는 말 그대로 액티비티의 천국이야.

열기구 투어도 그런 액티비티들 중 하나인데 새벽에 하늘로 올라가서 비행을 하다가 일출을 보고 내려오는 거였어. 평소 같으면 굳이 참여하지 않았겠지만 한 번도 타보지 않았던 '열기구'를 타고 '일출'을 볼 수 있다는 말에 혹해서 덥석 예약을 했지 뭐야. 하늘에서 사진 한 장 찍겠다고.

제법 많은 여행을 했지만 사실 액티비티를 해본 건 손에 꼽을 정도야. 모험을 즐기는 성격이 아닌데다 위험해 보이는 건 가급적 피하는 성향이라 굳이 돈을 주면서 하고 싶지는 않더라고.

30여 분쯤 달려 열기구 탑승장에 도착하니 스태프들이 커다란 풍선 속으로 뜨거운 열기를 연신 밀어 넣으며 부지런히 이륙 준비를 하고 있었어. 탑승객은 나를 포함해 10명 남짓. 가슴 높이까지 오는 바스켓에 겨우 몸을 구겨넣고 자리를 잡으니 금방이라도 하늘로 날아오를 것처럼 열기구가 움찔움찔해. 파일럿이 몇 가지 유의사항을 알려준 뒤 풍선 속으로 뜨거운 열기를 다시 불어넣자 마치 깃털처럼 살랑거리며 열기구가 공중으로 떠오르기 시작했어.

고도가 조금씩 높아질 때마다 열기구가 바람에 민감하게 반응하는 게 느껴져. 가슴이 철렁 내려앉을 정도로 과격한 움직임을 몇 번 겪고 나니까 열기구의 낭만이고 뭐고 손잡이부터 꽉 잡게 되더라. 다행스럽게도 그 뒤로는 바람이 잦아들어서 한결 안정적으로 비행을 했기에 망정이지 하마터면 사진도 못 찍고 벌벌 떨다가 내려올 뻔했어. 마음을 좀 진정시키고 나니까 그때서야 겨우 주변을 바라볼 정신이 들더라고.

새벽 공기를 마시며 하늘을 나는 기분이 썩 괜찮았어. 어둠이 채 가시지 않은 들판과 숲. 그 사이를 뛰어 가는 캥거루와 사슴들이 하나둘 눈에 들어와. 차가운 공기와 서늘한 바람, 희미한 풀냄새가 오감을 자

Cairns, Australia

Cairns, Australia

극해. 순간 새처럼 진짜 하늘을 날고 있다는 생각이 들었어. 자유롭게 훨훨 하늘을 나는 새들은 이런 기분을 매일 느끼며 살겠지?

지평선 너머에서 조금씩 고개를 내밀던 태양이 이윽고 강렬한 햇살을 쏟아내며 세상을 환하게 밝힐 때가 열기구 투어의 절정이었지 아마. 이건 비행기 안에서는 절대 느낄 수 없는 풍경이야. 시각만 존재하던 세상에 청각과 후각, 촉각이 더해져서 모든 것이 펄떡펄떡 살아 숨쉬고 있어. 눈으로만 보는 풍경이 아니라 온몸으로 느끼는 풍경. 열기구를 타는 이유가 바로 이런 것이었나봐. 또 나만 몰랐어, 이 좋은 걸.

**Cairns 케언즈**

---

오스트레일리아 북동쪽, 퀸즐랜드주에 위치한 작은 도시다. 우주에서도 보인다는 거대한 규모의 산호초 군락 '그레이트 베리어 리프'와 1억만 년 전에 만들어진 열대우림으로 유명하다. 7km가 넘는 케이블카를 타고 열대우림 위를 날아가면서 구경할 수 있는 '쿠란다 스카이 웨이'도 명물이다.

Cairns, Australia

## 12월엔 유럽 여행

너무나 추운데 습하기까지 해. 뼛속까지 한기가 뚫고 들어오는 기분이야. 독일의 겨울 날씨는 흐리거나 비가 오거나 눈이 오거나야. 햇볕을 볼 수 있는 날은 손에 꼽을 정도지. 비나 눈이 올 땐 습기가 더해져 정말 견디기 힘든 추위를 만나게 돼.

그 좋은 계절을 다 두고 하필 이럴 때 독일로 여행을 오게 됐네. 더운 것보다는 추운 것이 훨씬 낫지만 이렇게 습한 추위는 처음이라 적응이 잘 안 돼. 긴 겨울을 견디기 위해 사우나 문화가 자연스럽게 발달할 수밖에 없었을 것 같아.

하루 종일 밖에서 사진을 찍고 늦은 밤 돌아온 호텔. 1층 사우나에서 뜨거운 김으로 꽁꽁 언 몸을 녹이고 싶은 마음이 간절했지만 며칠째 망설이고만 있어. 독일을 비롯한 북유럽 국가들의 사우나 시설은 남녀 혼욕인 경우가 많기 때문이야. 독일 사람들은 어릴 때부터 그런 문화 속

Frankfurt, Germany

Hamburg , Germany

Cologne, Germany

에 자라왔기 때문에 전혀 어색함 없이 사우나를 즐긴다고 하는데 유교 문화권에서 자라온 우리로선 선뜻 이해가 되지 않는 풍경이라 용기가 나지 않더라고. 카메라를 내던져버리고 싶을 만큼 괴로운 날씨였지만 그래도 딱 하나 좋았던 건 있어. 크리스마스 앞이라 어디를 가도 예쁜 크리스마스 장식들로 가득해. 옛 건물들이 잘 보존되어 있는 시내 중심가 광장에는 거대한 크리스마스 마켓이 열려서 크리스마스 분위기를 제대로 즐길 수 있어. 특히 고딕양식의 대표 건물로 손꼽히는 쾰른 대성당 주변의 크리스마스 마켓은 유럽 감성을 완벽하게 느낄 수 있는 현장이었어. 포도주를 끓여 만든 글뤼바인을 나눠 마시며 사람들 틈에 끼어 수다를 떠는 재미도 쏠쏠했고. 아무렇게나 찍어도 작품이 되는 사진은 덤이었지.

다시 유럽 여행을 가게 된다면 나는 또 크리스마스를 앞둔 12월에 떠날 것 같아. 우리가 생각하는 유럽에 대한 모든 환상이 그 속에 담겨 있으니까. 습하고 추운 지독한 겨울 날씨를 버텨낼 수만 있다면 말이야.

코로나19로 여행이 멈춘 지금, 우리는 어쩌면 독일의 겨울보다 더 지독한 겨울을 나고 있는지도 몰라. 봄이 오는가 싶다가도 다시 칼바람이 불어대는 통에 여행하는 방법마저 까맣게 잊어버리게 되는 건 아닌지 걱정이 돼. 언젠간 겨울이 끝나고 봄이 올 거란 믿음으로 버틴 1년. 하지만 여전히 봄은 우리 앞에 나타나지 않았어. 얼마를 더 기다려야 봄을 만날 수 있을지도 몰라. 봄이 오긴 오겠지? 그런 기대마저 희미해

지면 어떡하지?

이제는 겨울을 이겨내는 법을 배워야 할 때가 아닌가 싶기도 해. 봄이 오지 않는다고 언제나 겨울을 살 수는 없잖아. 겨울이지만 봄처럼 지낼 방법을 탐구해보는 것도 나쁘지 않을 것 같아. 혹독한 겨울 날씨 속에서도 여행하는 방법을 말이야. 우리 삶이 계속되는 한 여행을 멈출 수는 없으니까. 여행은 나를 찾아 떠나는 삶의 여정이니까. 여행에 열심인 나와 여행에 진심인 너를 위해.

**Cologne 쾰른**

---

독일 서부 라인강에 접해 있는 2천 년의 역사의 고대도시. 독일에서 네 번째로 큰 도시이며 고딕 양식의 대표 건물로 손꼽히는 쾰른 대성당과 30개 이상의 박물관, 수백 개의 미술관이 있는 문화도시다.

**여행의 순간**
**사진작가 문철진 산문집**

1판 1쇄 찍음 2021년 9월 16일
1판 1쇄 펴냄 2021년 9월 23일

지은이 문철진
펴낸이 신주현 이정희
마케팅 임수빈
디자인 조성미
용지 월드페이퍼
제작 (주)아트인

펴낸곳 미디어샘
출판등록 2009년 11월 11일 제311-2009-33호

주소 03345 서울시 은평구 통일로 856 메트로타워 1117호
전화 02) 355-3922 | 팩스 02) 6499-3922
전자우편 mdsam@mdsam.net

ISBN 978-89-6857-203-6 03980



www.mdsam.net